地震位错理论的应用研究

董杰　孙文科　周新　著

WUHAN UNIVERSITY PRESS
武汉大学出版社

图书在版编目(CIP)数据

地震位错理论的应用研究/董杰,孙文科,周新著.—武汉:武汉大学出版社,2023.9

ISBN 978-7-307-23710-0

Ⅰ.地… Ⅱ.①董… ②孙… ③周… Ⅲ.位错源(地震)—理论研究 Ⅳ.P315.3

中国国家版本馆 CIP 数据核字(2023)第 067642 号

责任编辑:鲍　玲　　责任校对:汪欣怡　　版式设计:马　佳

出版发行:**武汉大学出版社**　(430072　武昌　珞珈山)

(电子邮箱:cbs22@whu.edu.cn 网址:www.wdp.com.cn)

印刷:武汉邮科印务有限公司

开本:787×1092　1/16　印张:8.25　字数:200 千字　插页:4

版次:2023 年 9 月第 1 版　　2023 年 9 月第 1 次印刷

ISBN 978-7-307-23710-0　　定价:45.00 元

前　　言

地震的发生一般会伴随着孕震、发震、应力调整等过程，并开始孕育新的地震，故研究地表及地球内部同震变形的特征对地球深部运动，以及对下一次地震的孕育过程及机理分析具有重要意义。地震变形问题的研究无论是在理论上还是在实际应用中都是非常重要的，解决地震变形问题的核心是地震位错理论。随着科技的进步，关于地震位错理论的应用研究，本书解决了以下几项关键问题：

(1)层状构造、曲率以及自重对计算同震变形的影响。

虽然人们已经发展了各种地球介质模型的位错理论，但是不同理论之间的差异以及它们所反映的相关效应，目前还没有一个系统的完整研究。经研究得知，半无限空间均质模型的理论是解析解，使用方便，但是它的物理模型过于简单，没有考虑地球的几何形状和层状构造；半无限空间层状模型的理论虽然考虑了地球的层状构造，但是没有考虑地球的曲率。由于目前人们仍然在使用半无限空间介质模型的理论，这对更接近于真实地球形状的球形模型来说，它一定会存在计算误差，所以考察这些误差的大小以及它们对计算地震变形所产生的影响是一个重要的研究课题。虽然有研究者分别讨论过这几种物理因素的影响，但是我们给出的是比较系统的研究结论。因此，本书将系统地研究地球的层状构造、自重及曲率对点源和有限断层的同震变形产生的影响。为此，我们利用球形地球模型的位错理论进行讨论，因为它既考虑了地球的几何形状，也考虑了地球的曲率和自重，为研究这几种物理因素对计算地震变形的影响提供了参考。

(2)震源位于地表处的奇异问题。

虽然 Sun W. 等(2009)给出了各种震源在地表面产生的同震变形格林函数，然而，这些格林函数仅限于地震震源位于地球内部的情况，当震源位于地表时，是需要特殊处理的。在该理论中，计算地球内部震源产生的变形时，因其表达式含有对位错 Love 数的无穷级数求和，它是震源深度的函数，当震源深度为零时，它是一个奇异问题。Sun W. 等(2009)在实际计算时，把地下 1km 处的震源代替地表震源，克服了计算上的困难。虽然数值计算精度可能不会受此影响，但是至少在理论上是不完善的，应该加以解决。本书中把地表震源作特殊处理，利用互换定理与边值条件推导出地表破裂源产生的同震变形格林函数数值解，同时给出震中奇异点处的地震变形计算方法。

(3)地震产生地球中心移动的问题。

地球质心的移动也是人们感兴趣的科学问题，它与地球的质量迁移或变形紧密相关。任意一种物理现象均可以引起地球质量的重新分布，同时它的质心(实际上是地球几何中心)也会相应地移动。Wu X. 等(2012)把固体地球质量中心的移动定义为地球球心的移动。实际上，地球是一个保守系统，地震等内部因素不会造成地球质量中心的改变，改变的只是固体地球表面几何中心，及其相对于参考框架的位置移动。Farrell（1972）认为，球心移动是球谐函数中的1阶地表负荷变形所导致的。人们已经对各种地球物理现象的1阶变形问题作了大量研究，例如海平面上升（Blewitt，Clarke，2003）、大气和海洋循环（Blewitt et al.，2001）、海洋负荷（Wu X. et al.，2002；Chambers et al.，2004）、冰川均衡调整（Wu X. et al.，2010；Klemann，Martinec，2011；Rietbroek et al.，2012）以及地核地幔的地球动力学（Greff-Lefftz，Legros，2007；Greff-Lefftz et al.，2010）。然而，大地震能否产生地球球心或几何中心的改变仍然是一个开放的问题。人们常用的半无限空间地球模型由于其几何的缺陷而无法研究该问题，然而，球形地球模型的地震位错理论提供了研究该问题的可能性。

（4）地震产生的地球内部的变形。

到目前为止，人们关心比较多的是地表面上的地震变形，因为大地测量或物理测量都是在地表面进行的。例如，Okada（1985）基于半无限空间模型给出完整的地表面变形计算公式，Sun W. 等（2009）的球形位错理论也只是解决了地震引起的地表同震变形问题。但是，地震产生的地球内部变形却研究得较少，甚至地球内部的变形规律和特征还完全不清楚。虽然Okada（1992）给出了地球内部地震形变的计算公式，但是实际应用或讨论却甚少。我们知道，理论上地震引起的内部变形要比地表变形大很多，并且内部变形所产生的内部质量迁移与应力调整对后续地震的孕育具有重要影响。所以，探讨地球内部同震变形为深入理解地震孕育过程和孕震机理提供了重要理论参考。为此，本书基于Sun W. 等（2009）的地表变形理论，推导并介绍了地震引起的地球内部（震源附近、地壳、地幔及内核等）变形。

针对上述问题，本书对地震变形问题作了比较系统的研究，并解决了上述问题。本书的结构和主要内容如下：

第1章介绍了地震变形问题的研究意义和大地测量数据在地震变形研究中的作用，并阐述了地震位错理论的发展历史及现今的不足之处。

第2章介绍了半无限空间介质模型的地震位错理论和球形地球模型的地震位错理论，以及它们的计算方法。

第3章根据半无限空间模型与球形地球模型的差异和比较，系统地研究了地球的层状构造、自重、曲率对计算地震位移的影响，借以了解各种物理因素在计算同震变形中的贡献和大小，也为正确地选用何种地球模型的位错理论提供了理论依据。为验证所得结论的正确性，对2011年日本东北大地震（M_W9.0）做了实例计算和讨论。

第4章针对地表震源的奇异问题作了特殊处理和研究，给出地表震源的地震变形计算方法，解决了Sun W. 等（2009）尚未解决的地表震源问题。为此，本章主要利用互换定理与边值条件推导出相应的位移、引力位/大地水准面、重力异常及应变格林函数的表达式，同时给出震中处的计算方法。并以2011年日本东北大地震（M_W9.0）为例，验证新计算方法的正确性。

第5章针对尚未研究过的地震引起的地球球心移动问题开展讨论，首先计算特大地震引起的全球1阶径向位移，该位移包括潮汐解、应力解与刚体移动解，而刚体移动解代表的就是地球球心的移动。对2004年苏门答腊大地震（M_W9.3）和2011年日本东北大地震

(M_W9.0)进行了实例计算。

第 6 章发展了球形地球模型的地球内部变形理论，给出基于该理论的一套新的解析解计算公式，并对比其与半无限空间模型位错理论的差异，研究曲率对地球内部变形的影响。作为震例，计算和讨论了 2011 年日本东北大地震(M_W9.0)和 2015 年尼泊尔地震引起的地球内部变形特征。

第 7 章针对超导重力数据、GPS 数据和 GRACE 数据的特点，介绍了它们与地震位错理论在孕震分析中的联合应用。

由于作者水平有限，不足之处恳请读者批评指正。

董杰

2023 年 2 月

目　录

第1章 绪 论

1.1 研究地震变形问题的意义

1.1.1 地震是人类面临的重要自然灾害

地震是人类必须面对的自然灾害，据地震局统计，地球上每年约发生500多万次地震，即每天要发生上万次的地震，其中绝大多数地震由于太小或太远，以至于人们感觉不到，而较大地震严重威胁着人类的生产生活，历史上数以万计的人死于地震，大量的房屋建筑和生活设施被摧毁。

全球有85%的地震发生在板块边界上，也有很多地震与板块边界的关系并不那么明显，如图1.1所示。但是，在板块边界上容易发生特大地震，例如，1960年5月21日的智利大地震(M_W9.5)，这是有仪器记录以来最大的一次地震，地震期间伴随有数座火山喷发和巨大海啸，沿海建筑物大部分被海浪卷走，大量房屋被破坏，导致数万人死亡和失踪，数百万人无家可归，智利国内遭受了巨大的经济损失；2004年12月26日发生的苏门答腊大地震(M_W9.3)引发了高达数十米的巨大海啸，造成印度洋沿岸国家公众生命和财产的重大损失，其破坏程度之大、影响范围之广，在人类历史上都是罕见的；2011年3月11日发生的Tohoku-Oki地震(M_W9.0)是日本有地震记录以来最强烈的地震，此次地震引发的巨大海啸对日本东北部多个县造成毁灭性破坏，并引发了福岛第一核电站核泄漏事故，地震当天还连发多次强烈余震，造成数万人死亡和失踪，给日本的经济造成巨大损失。

在近代，我国也发生了多次大地震，震级虽不及板块边界的高，造成的死亡人数却是十分庞大的。1920年12月16日发生的海原大地震(M_W8.5)强烈震动持续了十余分钟，数十座县城遭到破坏，造成28万人死亡、30万人受伤，它是中国历史上波及范围最广的地震，也是20世纪世界地震死亡人数第一的大地震；1976年7月28日发生的唐山大地震(M_W7.5)致使该城市遭受了灭顶之灾，瞬间被夷为平地，24万多鲜活的生命葬身瓦砾之中，受伤人数高达70多万，位列20世纪世界地震死亡人数第二名，仅次于海原地震；而2008年5月12日发生的汶川大地震(M_W8.0)地震波及大半个中国以及亚洲多个国家和地区，给四川地区带来了极大的破坏与死伤，造成6.9万余人死亡、37.4万人受伤、约1.8万人失踪，是我国继唐山大地震后伤亡最惨重的地震事件。①

---

① 资源来源：百度百科。

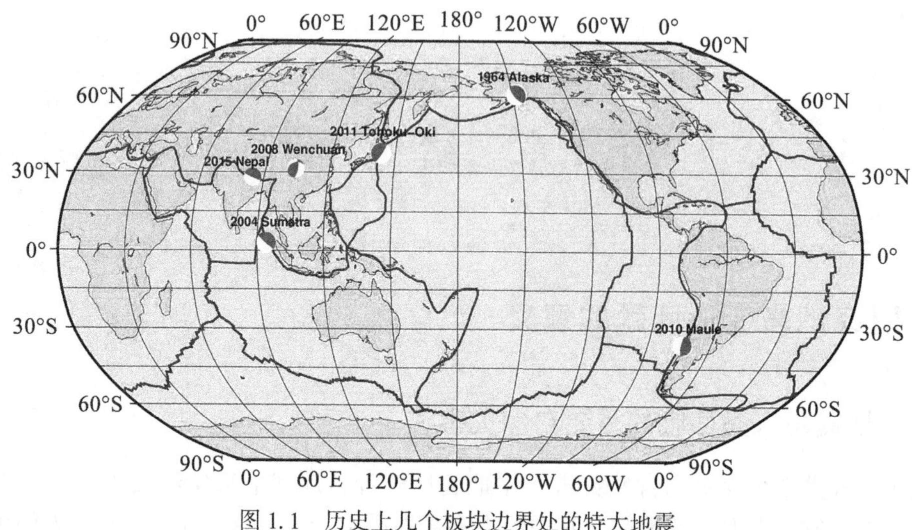

图 1.1 历史上几个板块边界处的特大地震

大地震造成的破坏是研究地震及地震学的重要动力之一，对地震学的深入研究可以提升防震减灾的科技支撑能力，推动大地震的预测预报工作，研究地震问题具有重要的现实意义和科学价值。

1.1.2 地震变形研究是地震学的核心内容

20世纪初科学家们通过对地震波的记录和分析，发现地震波是研究地球内部构造的最有效工具，从而建立和发展了地震学，相应的震源机制、破裂过程、同震变形、震后反弹等相关研究得以快速发展。对于一个地震事件，科学家们利用多种观测数据(地震波、GPS、海底地震仪OBS、InSAR等)反演该地震的断层滑动分布，借以揭示地震的发震与破裂过程以及滑动分布状态，用于探索地震的发震机理；或者用断层滑动分布模型计算出地震引起的同震位移、重力变化等，并与大地测量观测数据比较，借以解释大地测量观测数据，同时验证断层滑动分布的合理性。

然而，因反演方法及使用数据的不同，断层滑动模型的反演结果也会有所不同。例如，陈运泰等(1975；1979)利用地表变形资料，在半无限空间模型的基础上研究了震源的反演，并实际反演了1966年邢台地震和1976年唐山大地震的震源破裂过程。对2011年日本东北大地震(M_W 9.0)的断层滑动分布，研究者们也进行了大量研究，给出了很多结果，然而所有滑动分布结果均不相同。有的模型来自地震波形数据(Hayes，2011)，有的则使用地震波形数据与GPS观测数据的联合反演(Wei et al.，2011)。由此说明，目前的正演或反演研究都存在很大不确定性，主要原因在于两个方面：如何使用正确的地震变形理论，及如何合理使用观测数据。

其实，无论是利用地震波数据还是大地测量数据，科学家们都要通过地震位错理论才能完成反演或正演计算工作。所谓位错理论，就是描述地震断层破裂与地表面变形之间的理论关系，它是震源反演研究，以及解释大地测量观测数据的不可缺少的理论基础。这是地震变形问题研究的基础理论工作。

另外，断层滑动分布反演的不确定性往往产生于观测数据的缺损或精度不足。随着现代大地测量观测技术的快速发展，丰富的地震变形数据为研究地震变形提供了良好条件。

1.1.3 大地测量技术促进地震变形研究

现代大地测量技术的发展，大大促进了位错理论的发展。现代大地测量技术主要有：全球卫星导航系统 GNSS(Global Navigation Satellite System)，包括中国的北斗卫星导航系统(BeiDou Navigation Satellite System，BDS)，美国的全球定位系统（Global Positioning System，GPS)，俄罗斯的格洛纳斯卫星导航系统(Global Navigation Satellite System，GLONASS)和欧盟的伽利略卫星导航系统(Galileo Satellite Navigation System，GALILEO)；甚长基线干涉测量 VLBI（very long baseline interferometry)、海洋测高（Altimetry)、合成孔径雷达干涉测量 InSAR（Interferometric Synthetic Aperture Radar)、地面重力仪、重力卫星 CHAMP（Challenging Minisatellite Payload)，GRACE（Gravity Recovery and Climate Experiment)、GOCE（Gravity field，and steady-state Ocean Circulation Explorer)等，如图 1.2 所示。这些观测技术不仅使传统大地测量发生了革命性的变化，也有力地促进了整个地球科学的快速进步，使人们从时间变化和动力学角度去研究地球的内部构造和全球形变问题。特别是，这些大地测量数据可用来研究震源机制、断层滑动分布，确定震源参数，进行大地测量结果解释以及地震预报等。

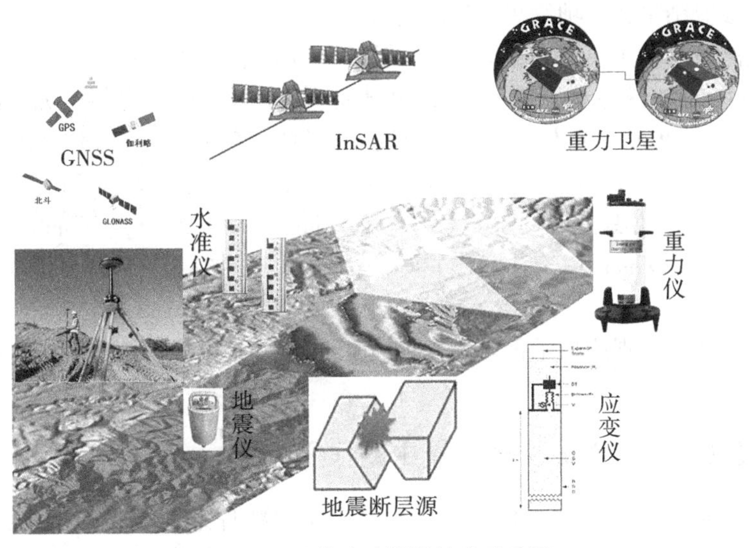

图 1.2 现代大地测量技术示意图

VLBI 通过对空间射电源的精确测量而得到数千公里范围内基线距离和方向的变化，对研究地球板块运动和地壳的形变，以及揭示极移等变化规律，特别是观测地震变形等都具有重要意义。Titov 和 Tregoning（2005）利用 VLBI 测量数据从地震的角度研究了震后变形对地球定位参数的影响；2011 年日本东北大地震发生以后，MacMillan 等(2012)、

Kareinen 等(2012) 研究了此地震的同震及震后变形对 VLBI 测量系统的影响，MacMillan 等(2012) 还结合 GPS 数据校正 VLBI 定位的结果，使大地测量数据在地震研究上相得益彰。

GPS 是在全球范围内实时进行定位、导航的系统。GPS 定位的基本原理是根据高速运动的卫星瞬间位置作为已知的起算数据，采用空间距离后方交会的方法，确定待测点的位置。它具有全天候、观测时间短、精度高和自动测量的优点。在地震学上，断层反演、大地测量数据解释、震源参数的确定以及震后黏弹性的研究都与 GPS 数据相关。如 Vigny 等(2005) 以及 Gahalaut 等(2006) 给出了 2004 年 Sumatra 地震(M_W9.3)的 GPS 详细结果。Yamagiwa 等(2015) 以及 Sun T. 等(2014) 根据 GPS 变形结果研究了 2011 年日本 Tohoku-Oki 地震(M_W9.0)的黏弹松弛性。而诸如断层反演方面的 GPS 数据研究更是不胜枚举。

海洋测高是利用卫星携带的测高仪，测定卫星到瞬时海平面的垂直距离。这样可以根据卫星测得的数据，确定海洋大地水准面和海底地形。其海平面测量数据在海域研究中对地震产生的海啸，以及利用海啸研究地震机理等都具有重要意义。

InSAR 是一种空间对地观测新技术，它是以同一地区的两张 SAR 图像为基本处理数据，通过求两幅图像的相位差，获取干涉图像，然后从干涉条纹中获取地形高程数据。张国宏等(2010)利用 InSAR 数据反演了 2008 年汶川地震(M_W7.9)的断层滑动分布及部分震源参数，发现基于余震精定位获得的地震断层倾角模型模拟的同震形变场与 InSAR 形变场吻合较好。Weston (2012) 在地震学上详细比较了 InSAR 数据反演的震源参数与地震数据反演的震源参数结果，多项结果都比较吻合。

重力卫星测量不同于传统的重力测量方法，是通过消除其他因素影响后的轨道摄动来确定地球引力场的球谐系数，进而推算出地球外部空间的重力场。如 CHAMP 卫星、GRACE 卫星以及 GOCE 卫星为地球科学的发展提供了高精度、高分辨率的重力场数据，应用十分广泛。尤其是 2002 年发射的 GRACE 卫星，它是已经工作了十多年的高精度重力卫星，提供了研究地震变形的宝贵数据。如 Chen J. 等(2007)、Cambiotti 等(2011)、Wang L. 等(2012)、Zhou X. 等(2012) 等，都展示了 GRACE 卫星在地震方面的重要应用。

所有上述大地测量观测技术都为研究地震变形问题提供了丰富的数据，大大促进了地震变形问题的深入研究。

1.1.4　地震变形理论在研究大地震中的作用

地震变形包括震前、震间、同震和震后几个主要物理过程，其中，同震变形在量级上最大，可以被各种大地测量观测手段检测到，也是科学家们的着重研究对象。为了正确计算地震产生的变形或者利用大地测量/地球物理数据反演断层滑动分布，合理的地震位错理论起到了重要作用。位错理论是研究地震发生机理最重要的理论之一，是防震减灾工作的重要基石，是震源机制、地球内部构造、地震预报等基本物理问题和各种大地测量、地球物理观测数据之间的连接纽带、理论基础，如图 1.3 所示，下面列出几个例子。

图 1.3 地震位错理论与震源参数、形变观测间的关系

在计算地震变形方面，Sun 和 Okubo（1998）应用球形位错理论解释了 1964 年阿拉斯加大地震（M_W9.2）的同震重力变化，其理论计算和观测数据基本吻合。Tanaka 等（2006）在黏弹分层球模型下讨论了 2004 年 Sumatra 地震（M_W9.3）所产生的重力随时间变化问题。Sun W. 等（2009）应用球形位错理论研究了 2004 年 Sumatra 地震（M_W9.3）产生的全球同震位移、大地水准面与重力变化。Fu G. 等（2010）通过研究 2008 年汶川地震（M_W7.9）与 2004 年 Sumatra 地震（M_W9.3）的同震变形受地球的径向分层及曲率的影响，得出分层构造及曲率的影响对震源类型依赖性很大。付广裕和孙文科（2008）还研究了 2004 年苏门答腊地震（M_W9.3）的远场形变。周新等（2011）发现重力卫星 GRACE 能够检测出 2010 年智利地震（M_W8.8）的同震重力变化，这是继 GRACE 检测出 2004 年 Sumatra 地震（M_W9.3）重力变化后的又一例证。Zhou X. 等（2012）研究了 2011 年的 Tohoku-Oki 地震（M_W9.0），计算其产生的同震位移与重力变化并与 GPS 数据、重力卫星数据比较，得出此次地震也能被重力卫星 GRACE 所探测到。陈光齐等（2013）分析了 GPS 资料所显示的日本东北大地震变形特征，在中长期预测方面，他们发现震前 GPS 时间序列的趋势性偏离、前震活动等现象在一定程度上反映了此次地震的孕震特征。

在断层反演方面，王卫民等（2008）利用远场体波波形数据与近场同震位移数据，并根据地质资料和地震形成的地表破裂轨迹，反演了 2008 年汶川地震的破裂过程。张勇等（2008）也利用全球地震台网（GSN）记录的长周期数字地震资料反演汶川地震的震源机制和动态破裂过程，并分析了此次地震的同震位移场特征。

总之，地震变形理论在地震断层反演或大地测量数据解释中起了重要作用，而大地测量观测技术的发展也促进了地震变形问题的深入研究。在这些研究中，地震位错理论起到了核心作用（孙文科等，2022）。

1.2 地震变形问题的发展和现状

1.2.1 地震变形问题的研究历史

地震变形问题的理论研究开始于 20 世纪 50 年代末。Steketee（1958）最早把位错理论引入地震学，他在均匀地球介质模型内引入了断层面的错动，并推导出了走滑断层的位移格林函数，开创了半无限空间均匀介质模型的地震变形问题理论研究。从此，很多科学家基于该地球模型，针对不同断层模型开展了大量理论研究工作。Chinnery（1961，1963）

研究了均质半无限空间模型下的垂直走滑位错的位移和应力场变形表达式。Berry 和 Sales（1962）利用此模型推导出了水平张裂断层的地表位移表达式。Maruyama（1964）完整地给出了半无限空间模型下的垂直和水平引张断层所产生的地表位移解析解，并把 Chinnery（1961，1963）的工作扩展到倾滑断层。Press（1965）在半无限空间模型内研究了走滑和倾滑断层产生的位移、应变和倾斜场变形，而且他发现大地测量观察手段可以观察到这些同震变化，这极大地促进了地球模型的发展。Okada（1985，1992）总结了前人的工作，在半无限空间均匀介质模型下给出了一套完整简洁的计算地表与内部同震变形的公式，适用于任何震源引起的位移、应变和倾斜变形计算。他的研究成果至今仍被广泛应用。Okubo（1989，1991，1992）研究了半无限空间介质内的重力变化问题，给出一套计算同震重力位和重力变化的解析表达式。

科学家们进一步开展了半无限空间层状介质模型的地震变形研究，提出了相应的位错理论，例如，Sato（1971），Sato 和 Matsu' ura（1973）以及 Jovanovich 等(1974a，1974b)研究了半无限空间层状介质模型下的弹性位错变形问题。而 Wang R. 等(2003)，Wang R.（2005）和 Wang R. 等(2006)完美地解决了该介质模型的同震与震后变形问题，同时考虑了地球的黏滞结构，给出了一套完整的同震/震后变形计算程序 PSGRN/PSCMP，它可以计算任意震源产生的地震变形。对于不可压缩的分层球模型，Melini 等(2008)关于震后变形也做了讨论(Post-Widder 拉普拉斯逆变换)。

地震变形问题的进一步发展是关于均质球形模型的位错理论研究。Dahlen（1968）首次考虑一个球对称、非旋转、弹性和各向同性的球模型(SNREI)。Ben-Menahem 和 Singh（1968）、Ben-Menahem 和 Solomom（1969）、Singh 和 Ben-Menahem（1969）及 Ben-Menahem 和 Israel（1970）等先后对不带自重的球形均质地球模型开展过理论研究，给出球模型下计算位移和应变的解析解。他们认为地球的曲率在浅源地震引起的 20°震中距范围以内可被忽略，但是径向的分层效应需被考虑。他们所使用的地球模型仍然比较简单，因为没有考虑地球的层状构造，而且也未能解决同震变形数值计算的困难，无法得到震中距 2°以内的数值结果。然而，值得一提的是，Saito（1967）提出了在球对称模型下计算点源引起的自由震荡振幅的理论，并以简正模方法给出了震源函数的表达式，为后人在球形地球模型的进一步研究上提供了理论基础。

球形分层的地球模型是与真实地球最接近的物理模型。Rundle（1982）最早研究了该模型内逆断层的黏弹地震变形问题。Pollitz（1992）在 PREM（Dziewonski and Anderson，1981）模型下解决了黏弹、无自重模型的位移场与应变场问题，随后，Pollitz（1996）提出一个解释地球的曲率与分层影响的方法。Ma 和 Kusznir（1994）研究了分层模型与重力对位移场的影响。Han 和 Wahr（1995）研究了分层地球的黏弹性问题。Piersanti 等(1995，1997)采用自由震荡简正模的方法重点研究了点源与有限断层位错在不可压缩的、带自重的、分层的黏弹球模型下产生的震后变形。Sabadini 等(1995)采用自由震荡简正模的方法研究了带自重的黏弹分层球模型内的地震位错问题。Sabadini 和 Vermeersen（1997）基于不可压缩黏弹模型，给出了密度分层对全球震后变形的影响。Soldati 等(1998)研究了重力扰动对分层不可压缩地球的影响。Savage（1998）用傅里叶积分的方法，详细地讨论了分层半无限空间模型下产生的位移场。Nostro 等(1999)基于不可压缩的、带自重的

Maxwell 体，讨论了半无限空间模型与球模型下的同震与震后变形。他们发现自重对同震变形的影响非常小，然而它的影响会随着震后变形而增加。Cattin 等(1999) 使用二维的有限元方法，验证了倾滑位错受到的层状构造影响。

然而，所有上述关于球形地球问题的研究都是基于自由震荡简正模方法。考虑黏弹地球模型，也就是考虑重力(或位移)的时间变化，此时微分方程的解算变得复杂。常用的方法将平衡方程进行拉普拉斯变换，使得变换后的拉普拉斯变量满足类似于弹性体时的微分方程，可以用 Sun 和 Okubo (1993) 方法解算。然后再用拉普拉斯逆变换得到用自由震荡简正模解表达的重力变化公式。但是，这些研究是对于特定地球模型或者特定震源进行的。另外，自由震荡简正模方法由于其内在的数值计算困难而存在计算精度的问题，同时它必须要求两个重要的人为假设：不可压缩性和有限的分层模型，即地球的分层不能太多，否则数值计算面临收敛困难的难题。虽然 Wang H. (1999) 考虑了地球介质的可压缩性，但是地球模型只有 11 层。Tanaka 等(2006) 改进了该方法，对拉普拉斯逆变换直接进行数值积分，解决了上述两个难题。

在实际应用中，关于 SNREI 地球模型的准静态地震变形问题是人们更关心的，因为同震变形在整个地震变形过程中是最大的，在解释大地测量观测数据或者反演断层滑动分布时，准静态地震位错理论是重要的理论基础。基于不同的地球模型，如 1066A(Gilbert, Dziewonski, 1975) 以及 PREM 模型，Sun 和 Okubo (1993) 发展了新的重力位和重力变化的位错理论，定义了位错 Love 数并且给出了全部 4 个独立点源的格林函数。Sun 和 Okubo (1998) 将该格林函数应用于有限断层数值积分，解释了 1964 年阿拉斯加大地震(M_W 9.2)的同震重力变化，并且理论计算和观测到的重力变化基本吻合。为了简化球形地球位错理论的数值计算，Okubo (1993) 提出了互换定理。该定理表明，地表的位错解可以由震源处的潮汐、剪切和负荷问题的解来表达。Sun W. 等(1996, 2006) 又将其理论推广到位移和应变的研究，并给出了相应的格林函数。为了方便计算，简化了球形地球模型(SNREI)的理论，并给出了一组解析渐近解(Sun W., 2003, 2004a, 2004b)。为了研究地球的曲率和层状构造的影响，Sun 和 Okubo (2002) 比较了半无限空间介质和球形地球模型位错理论的位移变化结果，讨论了曲率与层状构造的影响，并发现两者的影响大小与震源深度和震源类型计算点位置有关系，但都不可忽视；层状的影响可达 25%。

地震变形研究的最新进展是考虑了三维不均匀弹性介质球形地球模型。Fu G. (2007) 研究了该模型内潮汐变形以及点位错产生的重力位变化问题。由于三维构造，地球模型不再球形对称，独立震源为 6 个。他采用微扰方法，提出了新的位错理论。其平衡方程式比较复杂，但基本上可以将其转化成一个积分，其积分核包括 3 项：三维地球模型参数、辅助解和球对称模型解。对于实际物理问题，首先计算了地球三维不均匀构造对 2 阶重力固体潮因子的影响(Fu G., 2007; Fu, Sun, 2007)，计算发现该影响约为 0.16%。对于位错问题，Fu 和 Sun (2008) 计算了 6 个独立震源的同震重力变化，结果表明，三维构造的影响约为 1.0%。这个结论是基于 36 阶地球模型计算的，他们推断，地球模型的三维构造越详细，其重力变化越大，即实际地球的三维构造的影响应该大于 1.0%。而上述微扰理论只适用于较小三维构造变化的情况，对于现实中较大变化的三维构造模型的地震变形问题还有待进一步研究。

1.2.2 地震变形研究存在的问题

研究地震变形问题的核心是地震位错理论的应用，随着地震学和大地测量技术的进步，地震位错理论日趋完备，并被应用于实际地震的研究，对更接近于真实地球形状的球形位错理论，存在一些遗留问题。

从1958年以来，虽然人们已经发展了多种地球介质模型的位错理论，但是不同理论之间的差异还缺乏一个系统的研究。半无限空间均质模型的位错理论是解析解，使用简便，但它的物理模型过于简单，没有考虑地球的几何形状和层状构造；半无限空间层状模型的理论虽然考虑了地球的层状构造，但是没有考虑地球的曲率；相对于更接近真实地球形状的球形模型来说，它存在一定的计算误差，考察这些误差的大小以及它们对计算地震变形所产生的影响是十分重要的。虽然人们分别讨论过这几种物理因素的影响，但是我们给出了比较系统的研究结论。

在Sun W. 等(2009)的球形地球位错理论中，他们给出了各种震源在地表面产生的同震变形格林函数，然而这些格林函数仅限于震源位于地球内部的情况，当震源位于地表时，它是一个奇异问题。因位错变形的格林函数表达式含有对位错Love数的无穷级数求和，它是震源深度的函数，当震源深度为零时，无法直接计算。Sun W. 等(2009) 在实际计算时，把地下1km处的震源代替地表震源，克服了计算上的困难。虽然数值计算精度可能不受影响，但是至少在理论上是不完善的，应该加以解决。

地球质心的移动也是人们感兴趣的一个科学问题，它与地球的质量迁移或变形紧密相关。任意一种物理现象均可以引起地球质量的重新分布，同时它的质心(实际上是地球几何中心)也会相应地移动。Wu X. 等(2012) 把固体地球质量中心的移动定义为地球球心的移动。实际上，地球是一个保守系统，地震等内部因素不会造成地球质量中心的改变，改变的只是固体地球表面几何中心，及其相对于参考框架的位置移动。然而，大地震能否产生地球球心或几何中心的改变仍然是一个开放的问题，这也是球形地球模型的地震位错理论优于半无限空间地球模型的特点，它为该问题的研究提供了可能性。

另外，到目前为止，人们关心比较多的仍是地表面上的地震变形，因为大地测量或物理测量都是在地表面进行。例如，Okada (1985) 基于半无限空间模型给出完整的地表面变形计算公式，Sun W. 等(2009) 的球形位错理论也只是解决了地震引起的地表同震变形问题。由于球形位错理论的数值计算困难，它的内部变形研究至今仍是该理论的缺失部分。而且地震产生的地球内部变形研究非常少，甚至地球内部的变形规律和特征还完全不清楚。虽然Okada (1992) 给出了地球内部地震形变的计算公式，但是实际应用或讨论却甚少。我们知道，理论上地震引起的内部变形要比地表变形大很多，并且内部变形所产生的内部质量迁移与应力调整对后续地震的孕育具有重要影响，所以，探讨地球内部变形问题也成为科学家们的研究热点，地球内部变形的地震位错理论为深入理解地震孕育过程和孕震机理提供了重要的理论参考。

第 2 章　地震位错理论的发展

为了研究地球表面和内部的同震变形，目前应用得比较多的且发展相对成熟的有半无限空间均匀模型(图 2.1 左)的位错理论(Okada，1985)和球形分层地球模型的位错理论(Sun W. et al.，2009)，如图 2.1 所示前者因其解析解的简洁性，至今仍被广泛采用，后者因其物理模型的真实性而越来越多地被用来解释现代大地测量观测数据，或者反演地震断层滑动分布。前者通常可以用来作为后者的数值检验，而后者可以用来研究各种地球物理效应，两者均是本篇所使用的基础理论，因此，本章针对这两种地球模型的位错理论作简要介绍。

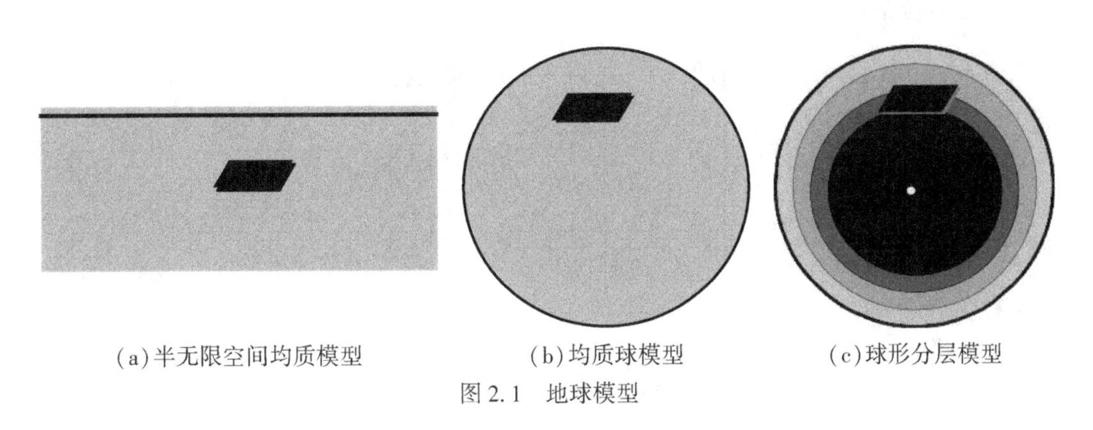

(a)半无限空间均质模型　(b)均质球模型　(c)球形分层模型

图 2.1　地球模型

2.1　半无限空间介质模型的地震位错理论

如上所述，Okada (1985) 在总结前人研究成果的基础上，给出了半无限空间模型的同震变形计算公式，因其形式简洁，计算方便而被广泛使用。在本小节，我们省略复杂的推导过程，给出半无限空间模型下的地表位移、应变、倾斜变化计算公式，以方便后续的计算和讨论。

2.1.1　点位错的同震变形计算

Okada (1985)采用如图 2.2 所示的笛卡儿坐标系，弹性介质位于 $z \leqslant 0$ 的区域，x 轴选取与断层走向平行的方向。

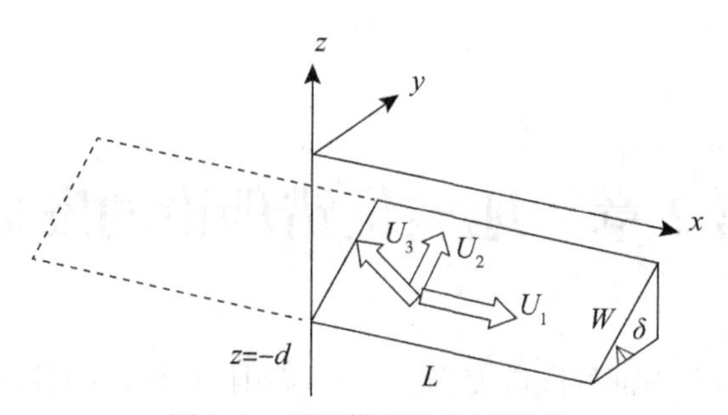

图 2.2　震源模型的几何关系

基本位错量 U_1，U_2，U_3 分别对应于任意位错的走滑、倾滑和引张位错分量，位于（0，0，$-d$）处的点震源产生的地表变形为：

1. 位移

(1)走滑位错：

$$\begin{cases} u_x^0 = -\dfrac{U_1}{2\pi}\left[\dfrac{3x^2q}{R^5} + I_1^0\sin\delta\right]\Delta\Sigma \\ u_y^0 = -\dfrac{U_1}{2\pi}\left[\dfrac{3xyq}{R^5} + I_2^0\sin\delta\right]\Delta\Sigma \\ u_z^0 = -\dfrac{U_1}{2\pi}\left[\dfrac{3xdq}{R^5} + I_4^0\sin\delta\right]\Delta\Sigma \end{cases} \tag{2.1}$$

(2)倾滑位错：

$$\begin{cases} u_x^0 = -\dfrac{U_2}{2\pi}\left[\dfrac{3xpq}{R^5} - I_3^0\sin\delta\cos\delta\right]\Delta\Sigma \\ u_y^0 = -\dfrac{U_2}{2\pi}\left[\dfrac{3ypq}{R^5} - I_1^0\sin\delta\cos\delta\right]\Delta\Sigma \\ u_z^0 = -\dfrac{U_2}{2\pi}\left[\dfrac{3dpq}{R^5} - I_5^0\sin\delta\cos\delta\right]\Delta\Sigma \end{cases} \tag{2.2}$$

(3)引张位错：

$$\begin{cases} u_x^0 = \dfrac{U_3}{2\pi}\left[\dfrac{3xq^2}{R^5} - I_3^0\sin^2\delta\right]\Delta\Sigma \\ u_y^0 = \dfrac{U_3}{2\pi}\left[\dfrac{3yq^2}{R^5} - I_1^0\sin^2\delta\right]\Delta\Sigma \\ u_z^0 = \dfrac{U_3}{2\pi}\left[\dfrac{3dq^2}{R^5} - I_5^0\sin^2\delta\right]\Delta\Sigma \end{cases} \tag{2.3}$$

式中，

$$\begin{cases} I_1^0 = \dfrac{\mu}{\lambda + \mu} y \left[\dfrac{1}{R(R+d)^2} - x^2 \dfrac{3R+d}{R^3(R+d)^3} \right] \\ I_2^0 = \dfrac{\mu}{\lambda + \mu} x \left[\dfrac{1}{R(R+d)^2} - y^2 \dfrac{3R+d}{R^3(R+d)^3} \right] \\ I_3^0 = \dfrac{\mu}{\lambda + \mu} \left[\dfrac{x}{R^3} \right] - I_2^0 \\ I_4^0 = \dfrac{\mu}{\lambda + \mu} \left[-xy \dfrac{2R+d}{R^3(R+d)^2} \right] \\ I_5^0 = \dfrac{\mu}{\lambda + \mu} \left[\dfrac{1}{R(R+d)^2} - x^2 \dfrac{2R+d}{R^3(R+d)^2} \right] \end{cases} \tag{2.4}$$

$$\begin{cases} p = y\cos\delta + d\sin\delta \\ q = y\sin\delta - d\cos\delta \\ R^2 = x^2 + y^2 + d^2 = x^2 + p^2 + q^2 \end{cases} \tag{2.5}$$

2. 应变

(1)走滑位错：

$$\begin{cases} \dfrac{\partial u_x^0}{\partial x} = -\dfrac{U_1}{2\pi} \left[\dfrac{3xq}{R^5} \left(2 - \dfrac{5x^2}{R^2} \right) + J_1^0 \sin\delta \right] \Delta\Sigma \\ \dfrac{\partial u_x^0}{\partial y} = -\dfrac{U_1}{2\pi} \left[-\dfrac{15x^2yq}{R^7} + \left(\dfrac{3x^2}{R^5} + J_2^0 \right) \sin\delta \right] \Delta\Sigma \\ \dfrac{\partial u_y^0}{\partial x} = -\dfrac{U_1}{2\pi} \left[\dfrac{3yq}{R^5} \left(1 - \dfrac{5x^2}{R^2} \right) + J_2^0 \sin\delta \right] \Delta\Sigma \\ \dfrac{\partial u_y^0}{\partial y} = -\dfrac{U_1}{2\pi} \left[\dfrac{3xq}{R^5} \left(1 - \dfrac{5y^2}{R^2} \right) + \left(\dfrac{3xy}{R^5} + J_4^0 \right) \sin\delta \right] \Delta\Sigma \end{cases} \tag{2.6}$$

(2)倾滑位错：

$$\begin{cases} \dfrac{\partial u_x^0}{\partial x} = -\dfrac{U_2}{2\pi} \left[\dfrac{3pq}{R^5} \left(1 - \dfrac{5x^2}{R^2} \right) - J_3^0 \sin\delta\cos\delta \right] \Delta\Sigma \\ \dfrac{\partial u_x^0}{\partial y} = -\dfrac{U_2}{2\pi} \left[\dfrac{3x}{R^5} \left(s - \dfrac{5ypq}{R^2} \right) - J_1^0 \sin\delta\cos\delta \right] \Delta\Sigma \\ \dfrac{\partial u_y^0}{\partial x} = -\dfrac{U_2}{2\pi} \left[-\dfrac{15xypq}{R^7} - J_1^0 \sin\delta\cos\delta \right] \Delta\Sigma \\ \dfrac{\partial u_y^0}{\partial y} = -\dfrac{U_2}{2\pi} \left[\dfrac{3pq}{R^5} \left(1 - \dfrac{5y^2}{R^2} \right) + \dfrac{3ys}{R^5} - J_2^0 \sin\delta\cos\delta \right] \Delta\Sigma \end{cases} \tag{2.7}$$

(3)引张位错：

$$
\begin{cases}
\dfrac{\partial u_x^0}{\partial x} = \dfrac{U_3}{2\pi}\left[\dfrac{3q^2}{R^5}\left(1 - \dfrac{5x^2}{R^2}\right) - J_3^0\sin^2\delta\right]\Delta\Sigma \\
\dfrac{\partial u_x^0}{\partial y} = \dfrac{U_3}{2\pi}\left[\dfrac{3xq}{R^5}\left(2\sin\delta - \dfrac{5yq}{R^2}\right) - J_1^0\sin^2\delta\right]\Delta\Sigma \\
\dfrac{\partial u_y^0}{\partial x} = \dfrac{U_3}{2\pi}\left[-\dfrac{15xyq^2}{R^7} - J_1^0\sin^2\delta\right]\Delta\Sigma \\
\dfrac{\partial u_y^0}{\partial y} = \dfrac{U_3}{2\pi}\left[\dfrac{3q}{R^5}\left(q + 2y\sin\delta - \dfrac{5y^2q}{R^2}\right) - J_2^0\sin^2\delta\right]\Delta\Sigma
\end{cases}
\tag{2.8}
$$

式中，

$$
\begin{cases}
J_1^0 = \dfrac{\mu}{\lambda+\mu}\left[-3xy\dfrac{3R+d}{R^3(R+d)^3} + 3x^3y\dfrac{5R^2+4Rd+d^2}{R^5(R+d)^4}\right] \\
J_2^0 = \dfrac{\mu}{\lambda+\mu}\left[\dfrac{1}{R^3} - \dfrac{3}{R(R+d)^2} + 3x^2y^2\dfrac{5R^2+4Rd+d^2}{R^5(R+d)^4}\right] \\
J_3^0 = \dfrac{\mu}{\lambda+\mu}\left[\dfrac{1}{R^3} - \dfrac{3x^2}{R^5}\right] - J_2^0 \\
J_4^0 = \dfrac{\mu}{\lambda+\mu}\left[-\dfrac{3xy}{R^5}\right] - J_1^0
\end{cases}
\tag{2.9}
$$

3. 倾斜

(1)走滑位错：

$$
\begin{cases}
\dfrac{\partial u_z^0}{\partial x} = -\dfrac{U_1}{2\pi}\left[\dfrac{3dq}{R^5}\left(1 - \dfrac{5x^2}{R^2}\right) + K_1^0\sin\delta\right]\Delta\Sigma \\
\dfrac{\partial u_z^0}{\partial y} = -\dfrac{U_1}{2\pi}\left[-\dfrac{15xydq}{R^7} + \left(\dfrac{3xd}{R^5} + K_2^0\right)\sin\delta\right]\Delta\Sigma
\end{cases}
\tag{2.10}
$$

(2)倾滑位错：

$$
\begin{cases}
\dfrac{\partial u_z^0}{\partial x} = -\dfrac{U_2}{2\pi}\left[-\dfrac{15xdpq}{R^7} - K_3^0\sin\delta\cos\delta\right]\Delta\Sigma \\
\dfrac{\partial u_z^0}{\partial y} = -\dfrac{U_2}{2\pi}\left[\dfrac{3d}{R^5}\left(s - \dfrac{5ypq}{R^2}\right) - K_1^0\sin\delta\cos\delta\right]\Delta\Sigma
\end{cases}
\tag{2.11}
$$

(3)引张位错：

$$
\begin{cases}
\dfrac{\partial u_z^0}{\partial x} = \dfrac{U_3}{2\pi}\left[-\dfrac{15xdq^2}{R^7} - K_3^0\sin^2\delta\right]\Delta\Sigma \\
\dfrac{\partial u_z^0}{\partial y} = \dfrac{U_3}{2\pi}\left[\dfrac{3dq}{R^5}\left(2\sin\delta - \dfrac{5yq}{R^2}\right) - K_1^0\sin^2\delta\right]\Delta\Sigma
\end{cases}
\tag{2.12}
$$

式中，

$$\begin{cases} K_1^0 = -\dfrac{\mu}{\lambda+\mu}y\left[\dfrac{2R+d}{R^3(R+d)^2} - x^2\dfrac{8R^2+9Rd+3d^2}{R^5(R+d)^3}\right] \\ K_2^0 = -\dfrac{\mu}{\lambda+\mu}x\left[\dfrac{2R+d}{R^3(R+d)^2} - y^2\dfrac{8R^2+9Rd+3d^2}{R^5(R+d)^3}\right] \\ K_3^0 = -\dfrac{\mu}{\lambda+\mu}\left[\dfrac{3xd}{R^5}\right] - K_2^0 \end{cases} \tag{2.13}$$

2.1.2 有限断层位错源的同震变形计算

有限断层位错源定义为长和宽分别为 L 和 W 的有限矩形断层，它的形变场可以通过点位错的计算公式替换而得，即把 x、y、d 分别用 $x-\xi'$、$y-\eta'\cos\delta$、$d-\eta'\sin\delta$ 来替换，并对整个断层进行积分：

$$\int_0^L \mathrm{d}\xi' \int_0^W \mathrm{d}\eta' \tag{2.14}$$

根据 Sato 和 Matsu'ura（1974）的方法，令 $x-\xi'=\xi$，$p-\eta'=\eta$，则方程(2.14)可变为：

$$\int_x^{x-L} \mathrm{d}\xi \int_p^{p-W} \mathrm{d}\eta \tag{2.15}$$

根据 Chinnery（1961）中双竖约定符号的定义，可以把最后的结果表示为：

$$f(\xi,\eta)\,\| = f(x,p) - f(x,p-W) - f(x-L,p) + f(x-L,p-W) \tag{2.16}$$

如果取断层边长为 $2L$，只要把上式右边的第一项和第二项中的 x 替换为 $x+L$ 即可，便可得到整个断层上的积分求和公式：

1. 位移

(1)走滑位错：

$$\begin{cases} u_x = -\dfrac{U_1}{2\pi}\left[\dfrac{\xi q}{R(R+\eta)} + \arctan\dfrac{\xi\eta}{qR} + I_1\sin\delta\right]\Bigg\| \\ u_y = -\dfrac{U_1}{2\pi}\left[\dfrac{\tilde{y}q}{R(R+\eta)} + \dfrac{q\cos\delta}{R+\eta} + I_2\sin\delta\right]\Bigg\| \\ u_z = -\dfrac{U_1}{2\pi}\left[\dfrac{\tilde{d}q}{R(R+\eta)} + \dfrac{q\sin\delta}{R+\eta} + I_4\sin\delta\right]\Bigg\| \end{cases} \tag{2.17}$$

(2)倾滑位错：

$$\begin{cases} u_x = -\dfrac{U_2}{2\pi}\left[\dfrac{q}{R} - I_3\sin\delta\cos\delta\right]\Bigg\| \\ u_y = -\dfrac{U_2}{2\pi}\left[\dfrac{\tilde{y}q}{R(R+\eta)} + \cos\delta\arctan\dfrac{\xi\eta}{qR} - I_1\sin\delta\cos\delta\right]\Bigg\| \\ u_z = -\dfrac{U_2}{2\pi}\left[\dfrac{\tilde{d}q}{R(R+\xi)} + \sin\delta\arctan\dfrac{\xi\eta}{qR} - I_5\sin\delta\cos\delta\right]\Bigg\| \end{cases} \tag{2.18}$$

(3)引张位错:

$$\begin{cases} u_x = \dfrac{U_3}{2\pi}\left[\dfrac{q^2}{R(R+\xi)} - I_3 \sin^2\delta\right] \Bigg\| \\ u_y = \dfrac{U_3}{2\pi}\left[\dfrac{-\tilde{d}q}{R(R+\xi)} - \sin\delta\left\{\dfrac{\xi q}{R(R+\eta)} - \arctan\dfrac{\xi\eta}{qR}\right\} - I_1 \sin^2\delta\right] \Bigg\| \\ u_z = \dfrac{U_3}{2\pi}\left[\dfrac{\tilde{y}q}{R(R+\xi)} + \cos\delta\left\{\dfrac{\xi q}{R(R+\eta)} - \arctan\dfrac{\xi\eta}{qR}\right\} - I_5 \sin^2\delta\right] \Bigg\| \end{cases} \tag{2.19}$$

其中,

$$\begin{cases} I_1 = \dfrac{\mu}{\lambda+\mu}\left[\dfrac{-1}{\cos\delta}\dfrac{\xi}{R+\tilde{d}}\right] - \dfrac{\sin\delta}{\cos\delta}I_5 \\ I_2 = \dfrac{\mu}{\lambda+\mu}[-\ln(R+\eta)] - I_3 \\ I_3 = \dfrac{\mu}{\lambda+\mu}\left[\dfrac{1}{\cos\delta}\dfrac{\tilde{y}}{R+\tilde{d}} - \ln(R+\eta)\right] + \dfrac{\sin\delta}{\cos\delta}I_4 \\ I_4 = \dfrac{\mu}{\lambda+\mu}\dfrac{1}{\cos\delta}[\ln(R+\tilde{d}) - \sin\delta\ln(R+\eta)] \\ I_5 = \dfrac{\mu}{\lambda+\mu}\dfrac{2}{\cos\delta}\arctan\dfrac{\eta(X+q\cos\delta)+X(R+X)\sin\delta}{\xi(R+X)\cos\delta} \end{cases} \tag{2.20}$$

如果 $\cos\delta = 0$, 则

$$\begin{cases} I_1 = -\dfrac{\mu}{2(\lambda+\mu)}\dfrac{\xi q}{(R+\tilde{d})^2} \\ I_3 = \dfrac{\mu}{2(\lambda+\mu)}\left[\dfrac{\eta}{R+\tilde{d}} + \dfrac{\tilde{y}q}{(R+\tilde{d})^2} - \ln(R+\eta)\right] \\ I_4 = -\dfrac{\mu}{\lambda+\mu}\dfrac{q}{R+\tilde{d}} \\ I_5 = -\dfrac{\mu}{\lambda+\mu}\dfrac{\xi\sin\delta}{R+\tilde{d}} \end{cases} \tag{2.21}$$

$$\begin{cases} p = y\cos\delta + d\sin\delta \\ q = y\sin\delta - d\cos\delta \\ \tilde{y} = \eta\cos\delta + q\sin\delta \\ \tilde{d} = \eta\sin\delta - q\cos\delta \\ R^2 = \xi^2 + \eta^2 + q^2 = \xi^2 + \tilde{y}^2 + \tilde{d}^2 \\ X^2 = \xi^2 + q^2 \end{cases} \tag{2.22}$$

2. 应变

(1)走滑位错：

$$
\begin{cases}
\dfrac{\partial u_x^0}{\partial x} = \dfrac{U_1}{2\pi}[\xi^2 q A_\eta - J_1 \sin\delta] \,\| \\[2ex]
\dfrac{\partial u_x^0}{\partial y} = \dfrac{U_1}{2\pi}\left[\dfrac{\xi^3 \tilde{d}}{R^3(\eta^2 + q^2)} - (\xi^3 A_\eta + J_2)\sin\delta\right] \Bigg\| \\[2ex]
\dfrac{\partial u_y^0}{\partial x} = \dfrac{U_1}{2\pi}\left[\dfrac{\xi q}{R^3}\cos\delta + (\xi q^2 A_\eta - J_2)\sin\delta\right] \Bigg\| \\[2ex]
\dfrac{\partial u_y^0}{\partial y} = \dfrac{U_1}{2\pi}\left[\dfrac{\tilde{y} q}{R^3}\cos\delta + \left\{q^3 A_\eta \sin\delta - \dfrac{2q\sin\delta}{R(R+\eta)} - \dfrac{\xi^2 + \eta^2}{R^3}\cos\delta - J_4\right\}\sin\delta\right] \Bigg\|
\end{cases}
\tag{2.23}
$$

(2)倾滑位错：

$$
\begin{cases}
\dfrac{\partial u_x^0}{\partial x} = \dfrac{U_2}{2\pi}\left[\dfrac{\xi q}{R^3} + J_3 \sin\delta\cos\delta\right] \Bigg\| \\[2ex]
\dfrac{\partial u_x^0}{\partial y} = \dfrac{U_2}{2\pi}\left[\dfrac{\tilde{y} q}{R^3} - \dfrac{\sin\delta}{R} + J_1 \sin\delta\cos\delta\right] \Bigg\| \\[2ex]
\dfrac{\partial u_y^0}{\partial x} = \dfrac{U_2}{2\pi}\left[\dfrac{\tilde{y} q}{R^3} + \dfrac{q\cos\delta}{R(R+\eta)} + J_1 \sin\delta\cos\delta\right] \Bigg\| \\[2ex]
\dfrac{\partial u_y^0}{\partial y} = \dfrac{U_2}{2\pi}\left[\tilde{y}^2 q A_\xi - \left\{\dfrac{2\tilde{y}}{R(R+\xi)} + \dfrac{\xi\cos\delta}{R(R+\eta)}\right\}\sin\delta + J_2 \sin\delta\cos\delta\right] \Bigg\|
\end{cases}
\tag{2.24}
$$

(3)引张位错：

$$
\begin{cases}
\dfrac{\partial u_x}{\partial x} = -\dfrac{U_3}{2\pi}[\xi q^2 A_\eta + J_3 \sin^2\delta] \,\| \\[2ex]
\dfrac{\partial u_x}{\partial y} = -\dfrac{U_3}{2\pi}\left[-\dfrac{\tilde{d} q}{R^3} - \xi^2 q A_\eta \sin\delta + J_1 \sin^2\delta\right] \Bigg\| \\[2ex]
\dfrac{\partial u_y}{\partial x} = -\dfrac{U_3}{2\pi}\left[\dfrac{q^2}{R^3}\cos\delta + q^3 A_\eta \sin\delta + J_1 \sin^2\delta\right] \Bigg\| \\[2ex]
\dfrac{\partial u_y}{\partial y} = -\dfrac{U_3}{2\pi}\left[(\tilde{y}\cos\delta - \tilde{d}\sin\delta) q^2 A_\xi - \dfrac{q\sin 2\delta}{R(R+\xi)} - (\xi q^2 A_\eta - J_2)\sin^2\delta\right] \Bigg\|
\end{cases}
\tag{2.25}
$$

式中，

$$\begin{cases} J_1 = \dfrac{\mu}{\lambda+\mu}\dfrac{1}{\cos\delta}\left[\dfrac{\xi^2}{R\,(R+\tilde{d})^2} - \dfrac{1}{R+\tilde{d}}\right] - \dfrac{\sin\delta}{\cos\delta}K_3 \\ J_2 = \dfrac{\mu}{\lambda+\mu}\dfrac{1}{\cos\delta}\left[\dfrac{\xi\tilde{y}}{R\,(R+\tilde{d})^2}\right] - \dfrac{\sin\delta}{\cos\delta}K_1 \\ J_3 = \dfrac{\mu}{\lambda+\mu}\left[-\dfrac{\xi}{R(R+\eta)}\right] - J_2 \\ J_4 = \dfrac{\mu}{\lambda+\mu}\left[-\dfrac{\cos\delta}{R} - \dfrac{q\sin\delta}{R(R+\eta)}\right] - J_1 \end{cases} \tag{2.26}$$

当 $\cos\delta = 0$ 时,

$$\begin{cases} J_1 = \dfrac{\mu}{2(\lambda+\mu)}\dfrac{q}{(R+\tilde{d})^2}\left[\dfrac{2\xi^2}{R(R+\tilde{d})} - 1\right] \\ J_2 = \dfrac{\mu}{2(\lambda+\mu)}\dfrac{\xi\sin\delta}{(R+\tilde{d})^2}\left[\dfrac{2q^2}{R(R+\tilde{d})} - 1\right] \end{cases} \tag{2.27}$$

$$\begin{cases} A_\xi = \dfrac{2R+\xi}{R^3\,(R+\xi)^2} \\ A_\eta = \dfrac{2R+\eta}{R^3\,(R+\eta)^2} \end{cases} \tag{2.28}$$

3. 倾斜

(1)走滑位错:

$$\begin{cases} \dfrac{\partial u_z}{\partial x} = \dfrac{U_1}{2\pi}\left[-\xi q^2 A_\eta\cos\delta + \left(\dfrac{\xi q}{R^3} - K_1\right)\sin\delta\right]\Bigg\| \\ \dfrac{\partial u_z}{\partial y} = \dfrac{U_1}{2\pi}\left[\dfrac{\tilde{d}q}{R^3}\cos\delta + \left(\xi^2 qA_\eta\cos\delta - \dfrac{\sin\delta}{R} + \dfrac{\tilde{y}q}{R^3} - K_2\right)\sin\delta\right]\Bigg\| \end{cases} \tag{2.29}$$

(2)倾滑位错:

$$\begin{cases} \dfrac{\partial u_z}{\partial x} = \dfrac{U_2}{2\pi}\left[\dfrac{\tilde{d}q}{R^3} + \dfrac{q\sin\delta}{R(R+\eta)} + K_3\sin\delta\cos\delta\right]\Bigg\| \\ \dfrac{\partial u_z}{\partial y} = \dfrac{U_2}{2\pi}\left[\tilde{y}\tilde{d}qA_\xi - \left\{\dfrac{2\tilde{d}}{R(R+\xi)} + \dfrac{\xi\sin\delta}{R(R+\eta)}\right\}\sin\delta + K_1\sin\delta\cos\delta\right]\Bigg\| \end{cases} \tag{2.30}$$

(3)引张位错:

$$\begin{cases}\dfrac{\partial u_z}{\partial x}=-\dfrac{U_3}{2\pi}\left[\dfrac{q^2}{R^3}\sin\delta-q^3A_\eta\cos\delta+K_3\sin^2\delta\right]\Bigg\|\\ \dfrac{\partial u_z}{\partial y}=-\dfrac{U_3}{2\pi}\left[(\tilde{y}\sin\delta+\tilde{d}\cos\delta)q^2A_\xi+\xi q^2A_\eta\sin\delta\cos\delta-\left\{\dfrac{2q}{R(R+\xi)}-K_1\right\}\sin^2\delta\right]\Bigg\|\end{cases}\tag{2.31}$$

其中，

$$\begin{cases}K_1=\dfrac{\mu}{\lambda+\mu}\dfrac{\xi}{\cos\delta}\left[\dfrac{1}{R(R+\tilde{d})}-\dfrac{\sin\delta}{R(R+\eta)}\right]\\ K_2=\dfrac{\mu}{\lambda+\mu}\left[-\dfrac{\sin\delta}{R}+\dfrac{q\cos\delta}{R(R+\eta)}\right]-K_3\\ K_3=\dfrac{\mu}{\lambda+\mu}\dfrac{1}{\cos\delta}\left[\dfrac{q}{R(R+\eta)}-\dfrac{\tilde{y}}{R(R+\tilde{d})}\right]\end{cases}\tag{2.32}$$

当 $\cos\delta=0$ 时，

$$\begin{cases}K_1=\dfrac{\mu}{\lambda+\mu}\dfrac{\xi q}{R\,(R+\tilde{d})^2}\\ K_3=\dfrac{\mu}{\lambda+\mu}\dfrac{\sin\delta}{R+\tilde{d}}\left[\dfrac{\xi^2}{R(R+\tilde{d})}-1\right]\end{cases}\tag{2.33}$$

在上述计算公式中，有些项在特殊条件下是奇异的，需要用到下述规则以避免奇异问题：

(1)当 $q=0$ 时，设定 $\arctan(\xi\eta/qR)=0$；

(2)当 $\xi=0$ 时，设定 $I_5=0$；

(3)当 $R+\eta=0$(当 $\sin\delta<0$ 并且 $\xi=q=0$)时，设定分母中含 $R+\eta$ 的项为零，并且在式(2.20)和(2.21)中用 $-\ln(R-\eta)$ 代替 $\ln(R+\eta)$。

2.2 球形地球模型的地震位错理论

20 世纪 60 年代，球形位错理论有了很大发展，这种模型在物理上更接近于地球的真实形状。Ben-Menahem 和 Singh (1968)、Ben-Menahem 和 Solomom (1969)、Singh 和 Ben-Menahem (1969)、McGinley (1969) 及 Ben-Menahem 和 Israel (1970) 等对均质不带自重的球形地球模型进行了理论研究，给出位移和应变的解析解。结果表明对于浅源地震，地球的曲率影响在震源距 20°以内可以忽略不计，但地球的层状、横向不均匀性可能有较大影响，但这个地球模型仍然比较简单。尽管如此，由于数值计算困难等原因他们没有给出震源距 2°以内的结果，很难给球模型的发展带来突破性的进展。Saito (1967) 提出了球对称层状球模型的点源自由振荡理论，同时给出了震源函数，为此后的球形地球位错理论研究提供了理论基础。

此后关于球模型的重大理论进展上，Pollitz（1992）解决了黏弹无重力地球模型内位错产生的位移和应变场问题。Piersanti 等（1995，1997）和 Sabadini 等（1995）研究了带自重的黏弹分层球模型内位错产生的位移和位移变化率。对于不同地幔黏滞性，他们得出了近场和远场的地表位移和速度结果。Pollitz（1996）利用自由振荡简正模的方法研究了分层球模型(忽略自重)下的同震位移和应变问题，他的研究表明对于地壳内发生的地震，在震源距 100km 以内的变形受到曲率的影响一般小于 2%；但是如果忽略地球的层状构造，其误差可达 20%。还有许多关于球形地球模型的发展研究，我们的工作主要是基于 Sun W.（1992a，1992b）、Sun 和 Okubo（1993）的球形位错理论而展开。Sun（1992）、Sun 和 Okubo（1993）基于 1066A（Gilbert，Dziewonski，1975）以及 PREM 模型(Dziewonski and Anderson，1981）发展了新的重力位和重力变化位错理论，定义了位错 Love 数并且给出了全部 4 个独立点源的格林函数。Sun and Okubo（1998）将该格林函数应用于有限断层数值积分。其后 Sun W. K. 等(1996，2006a，2006b）又将他们的理论推广到位移和应变变形方面，并给出相应的格林函数。为了方便计算，他们把球形地球模型(SNREI)的理论进行简化，给出了一组解析渐进解(Sun，2003，2004a，2004b)。由于渐进解是解析形式，与 Okada（1985）和 Okubo（1992）的解析解具有同样的计算效率，并且考虑了地球的曲率和分层构造。

基于球形地球模型，即 SNREI 模型，Sun W. K. 等(2009）给出了计算同震变形的格林函数，如位移、应变、大地水准面和重力等。为了本研究的需要，本小节仅列出其四种独立位错源的位移格林函数公式。该理论假设在球坐标系（$\boldsymbol{e}_r$，$\boldsymbol{e}_\theta$，$\boldsymbol{e}_\varphi$）下任意一个位错模型，如图 2.3 所示，其中 $\boldsymbol{e}_r$ 为径向坐标基矢量，$\boldsymbol{e}_\theta$ 为余纬度坐标基矢量，$\boldsymbol{e}_\varphi$ 为经度坐标基矢量。考虑距球心 r_s 处有一个微分面元 dS 的位错。位错的坐标位置是（$\boldsymbol{e}_{r_s}$，$\boldsymbol{e}_{\theta_0}$，$\boldsymbol{e}_{\varphi_0}$）；断层线在地球表面上的方位角为 α（北极开始顺时针方向为正）。该位错由下面几个参数确定：单位位错滑动矢量为 $\boldsymbol{v}$，断层面的法线单位矢量为 $\boldsymbol{n}$，滑动角为 λ（断层面上 $\boldsymbol{v}$ 与 $\boldsymbol{e}_{\theta_0}$ 的夹角，顺时针方向为正），断层面倾角为 δ（断层面与水平面的夹角，小于 90°）。上下盘断层面的相对错动定义为（$U/2$）－（－$U/2$）＝U。

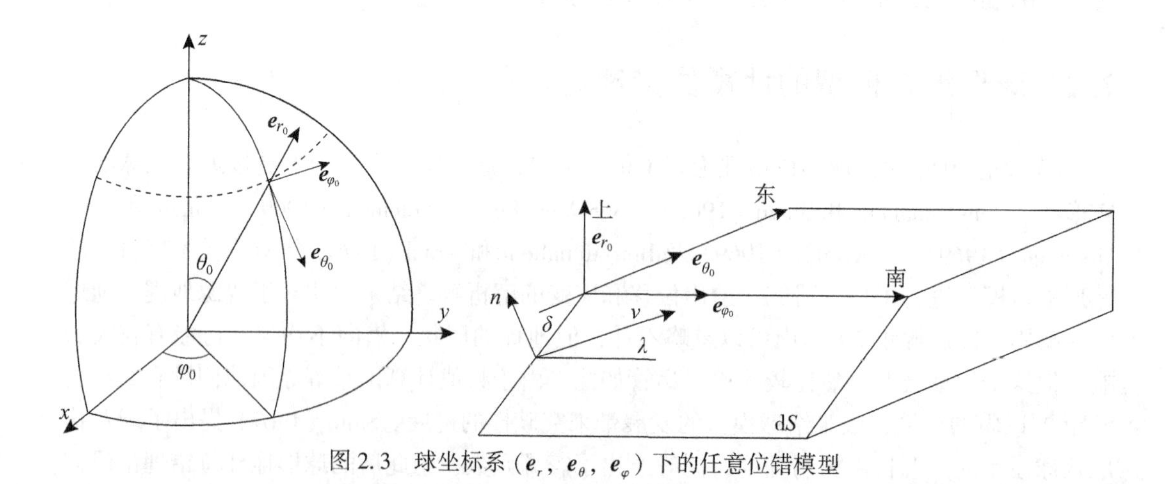

图 2.3　球坐标系（$\boldsymbol{e}_r$，$\boldsymbol{e}_\theta$，$\boldsymbol{e}_\varphi$）下的任意位错模型

于是位错滑动矢量 $\boldsymbol{v}$ 和断层面法线 $\boldsymbol{n}$ 可以用球坐标分量表示为：

$$\boldsymbol{v} = \boldsymbol{e}_{r_s}\sin\delta\sin\lambda + \boldsymbol{e}_{\theta_0}(\cos\alpha\sin\lambda - \sin\alpha\cos\delta\sin\lambda) + \boldsymbol{e}_{\varphi_0}(\sin\alpha\cos\lambda + \cos\alpha\cos\delta\sin\lambda)$$
$$\boldsymbol{n} = \boldsymbol{e}_{r_s}\cos\delta + \boldsymbol{e}_{\theta_0}\sin\alpha\sin\delta - \boldsymbol{e}_{\varphi_0}\cos\alpha\sin\delta \tag{2.34}$$

此位错模型是关于剪切源的，对于引张破裂源，滑动矢量和法矢量是互相平行的：$\boldsymbol{v} = \boldsymbol{n}$。

Sun W. K. 等(2009) 的理论表明，对于 SNREI 地球模型仅存在四种独立解。选取四种独立位错源(见图 2.4)：垂直断层水平走滑位错源(上标为 12)、垂直断层上下倾滑位错源(上标为 32)、垂直断层水平引张位错源(上标为 22)、水平断层垂直引张位错源(上标为 33)。只要推出这四种独立震源的格林函数，其他任何震源的同震变形都可通过这四种独立位错源变形解的组合得到。

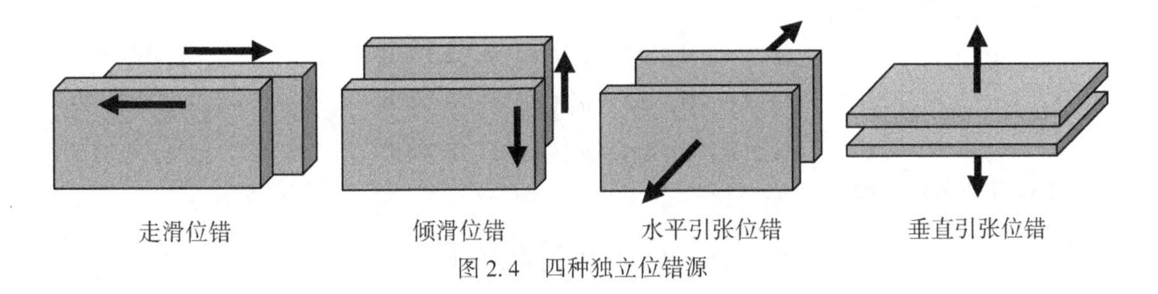

图 2.4　四种独立位错源

2.2.1　地表同震位移变形计算

(1)走滑位错：

$$\begin{cases} u_r^{12}(a,\ \theta,\ \varphi) = -2\sum_{n=2}^{\infty} h_{n2}^{12}P_n^2(\cos\theta)\sin 2\varphi \\ u_\theta^{12}(a,\ \theta,\ \varphi) = -2\sum_{n=2}^{\infty}\left[l_{n2}^{12}\dfrac{\partial P_n^2(\cos\theta)}{\partial\theta} + 2l_{n2}^{\prime,\ 12}\dfrac{P_n^2(\cos\theta)}{\sin\theta}\right]\sin 2\varphi \\ u_\varphi^{12}(a,\ \theta,\ \varphi) = -2\sum_{n=2}^{\infty}\left[2l_{n2}^{12}\dfrac{P_n^2(\cos\theta)}{\sin\theta} + l_{n2}^{\prime,\ 12}\dfrac{\partial P_n^2(\cos\theta)}{\partial\varphi}\right]\cos 2\varphi \end{cases} \tag{2.35}$$

其中位移格林函数为，

$$\begin{cases} \hat{u}_r^{12}(a,\ \theta) = -2\sum_{n=2}^{\infty} h_{n2}^{12}P_n^2(\cos\theta) \\ \hat{u}_\theta^{12}(a,\ \theta) = -2\sum_{n=2}^{\infty}\left[l_{n2}^{12}\dfrac{\partial P_n^2(\cos\theta)}{\partial\theta} + 2l_{n2}^{\prime,\ 12}\dfrac{P_n^2(\cos\theta)}{\sin\theta}\right] \\ \hat{u}_\varphi^{12}(a,\ \theta) = -2\sum_{n=2}^{\infty}\left[2l_{n2}^{12}\dfrac{P_n^2(\cos\theta)}{\sin\theta} + l_{n2}^{\prime,\ 12}\dfrac{\partial P_n^2(\cos\theta)}{\partial\varphi}\right] \end{cases} \tag{2.36}$$

当 $\theta = 0$，$\theta = \pi$ 时，

$$\begin{cases} u_r^{12}(a,\ 0,\ \varphi) = u_r^{12}(a,\ \pi,\ \varphi) = 0 \\ u_\theta^{12}(a,\ 0,\ \varphi) = u_\theta^{12}(a,\ \pi,\ \varphi) = 0 \\ u_\varphi^{12}(a,\ 0,\ \varphi) = u_\varphi^{12}(a,\ \pi,\ \varphi) = 0 \end{cases} \tag{2.37}$$

(2)倾滑位错:

$$\begin{cases} u_r^{32}(a,\ \theta,\ \varphi) = -2\sum_{n=1}^{\infty} h_{n1}^{32} P_n^1(\cos\theta)\sin\varphi \\ u_\theta^{32}(a,\ \theta,\ \varphi) = -2\sum_{n=1}^{\infty}\left[l_{n1}^{32}\dfrac{\partial P_n^1(\cos\theta)}{\partial\theta} - l_{n1}^{t,\ 32}\dfrac{P_n^1(\cos\theta)}{\sin\theta}\right]\sin\varphi \\ u_\varphi^{32}(a,\ \theta,\ \varphi) = -2\sum_{n=1}^{\infty}\left[l_{n1}^{32}\dfrac{P_n^1(\cos\theta)}{\sin\theta} + l_{n1}^{t,\ 32}\dfrac{\partial P_n^1(\cos\theta)}{\partial\theta}\right]\cos\varphi \end{cases} \tag{2.38}$$

当 $\theta = 0$, $\theta = \pi$ 时,

$$\begin{cases} u_r^{32}(a,\ 0,\ \varphi) = u_r^{32}(a,\ \pi,\ \varphi) = 0 \\ u_\theta^{32}(a,\ 0,\ \varphi) = u_\theta^{32}(a,\ \pi,\ \varphi) = 0 \\ u_\varphi^{32}(a,\ 0,\ \varphi) = u_\varphi^{32}(a,\ \pi,\ \varphi) = 0 \end{cases} \tag{2.39}$$

(3)水平引张位错:

$$\begin{cases} u_r^{22,\ 0}(a,\ \theta,\ \varphi) = \sum_{n=0}^{\infty} h_{n0}^{22} P_n(\cos\theta) \\ u_\theta^{22,\ 0}(a,\ \theta,\ \varphi) = \sum_{n=0}^{\infty} l_{n0}^{22}\dfrac{\partial P_n(\cos\theta)}{\partial\theta} \\ u_\varphi^{22,\ 0}(a,\ \theta,\ \varphi) = 0 \end{cases} \tag{2.40}$$

当 $\theta = 0$, $\theta = \pi$ 时,

$$\begin{cases} u_r^{22,\ 0}(a,\ 0,\ \varphi) = \sum_{n=0}^{\infty} h_{n0}^{22} \\ u_r^{22,\ 0}(a,\ \pi,\ \varphi) = \sum_{n=0}^{\infty} (-1)^n h_{n0}^{22} \\ u_\theta^{22,\ 0}(a,\ 0,\ \varphi) = u_\theta^{22,\ 0}(a,\ \pi,\ \varphi) = 0 \end{cases} \tag{2.41}$$

而,

$$\begin{cases} u_r^{22,\ 2}(a,\ \theta,\ \varphi) = -\hat{u}_r^{12}(a,\ \theta)\cos 2\varphi \\ u_\theta^{22,\ 2}(a,\ \theta,\ \varphi) = -\hat{u}_\theta^{12}(a,\ \theta)\cos 2\varphi \\ u_\varphi^{22,\ 2}(a,\ \theta,\ \varphi) = \hat{u}_\varphi^{12}(a,\ \theta)\sin 2\varphi \end{cases} \tag{2.42}$$

最后，由上述两部分的和可得:

$$\begin{cases} u_r^{22}(a,\ \theta,\ \varphi) = u_r^{22,\ 0}(a,\ \theta,\ \varphi) + u_r^{22,\ 2}(a,\ \theta,\ \varphi) \\ u_\theta^{22}(a,\ \theta,\ \varphi) = u_\theta^{22,\ 0}(a,\ \theta,\ \varphi) + u_\theta^{22,\ 2}(a,\ \theta,\ \varphi) \\ u_\varphi^{22}(a,\ \theta,\ \varphi) = u_\varphi^{22,\ 0}(a,\ \theta,\ \varphi) + u_\varphi^{22,\ 2}(a,\ \theta,\ \varphi) \end{cases} \tag{2.43}$$

(4)垂直引张位错:

$$\begin{cases} u_r^{33}(a, \theta, \varphi) = \sum_{n=0}^{\infty} h_{n0}^{33} P_n(\cos\theta) \\ u_\theta^{33}(a, \theta, \varphi) = \sum_{n=0}^{\infty} l_{n0}^{33} \dfrac{\partial P_n(\cos\theta)}{\partial\theta} \\ u_\varphi^{33}(a, \theta, \varphi) = 0 \end{cases} \tag{2.44}$$

当 $\theta = 0$，$\theta = \pi$ 时，

$$\begin{cases} u_r^{33}(a, 0, \varphi) = \sum_{n=0}^{\infty} h_{n0}^{33} \\ u_r^{33}(a, \pi, \varphi) = \sum_{n=0}^{\infty} (-1)^n h_{n0}^{33} \\ u_\theta^{33}(a, 0, \varphi) = u_\theta^{33}(a, \pi, \varphi) = 0 \end{cases} \tag{2.45}$$

2.2.2 地表同震重力变化计算

根据重力变化理论，得到四种独立点源(走滑位错、倾滑位错、水平引张位错、垂直引张位错)产生的空间固定点的重力变化格林函数为：

$$\begin{cases} \Delta\hat{g}^{12}(a, \theta) = -2\sum_{n=2}^{\infty} (n+1) k_{n2}^{12}(a) P_n^2(\cos\theta) \\ \Delta\hat{g}^{32}(a, \theta) = -2\sum_{n=1}^{\infty} (n+1) k_{n1}^{32}(a) P_n^1(\cos\theta) \\ \Delta\hat{g}^{220}(a, \theta) = \sum_{n=0}^{\infty} (n+1) k_{n0}^{22}(a) P_n(\cos\theta) \\ \Delta\hat{g}^{33}(a, \theta) = \sum_{n=0}^{\infty} (n+1) k_{n0}^{33}(a) P_n(\cos\theta) \end{cases} \tag{2.46}$$

那么，空间固定点的重力变化计算公式为：

$$\begin{cases} \Delta g^{12}(a, \theta, \varphi) = \Delta\hat{g}^{12}(a, \theta)\sin2\varphi \\ \Delta g^{32}(a, \theta, \varphi) = \Delta\hat{g}^{32}(a, \theta)\sin\varphi \\ \Delta g^{220}(a, \theta, \varphi) = \Delta\hat{g}^{220}(a, \theta) \\ \Delta g^{33}(a, \theta, \varphi) = \Delta\hat{g}^{33}(a, \theta) \end{cases} \tag{2.47}$$

同样的，地球表面的重力变化格林函数为：

$$\begin{cases} \delta\hat{g}^{12}(a, \theta) = \Delta\hat{g}^{12}(a, \theta) - \beta\hat{u}_r^{12}(a, \theta) \\ \delta\hat{g}^{32}(a, \theta) = \Delta\hat{g}^{32}(a, \theta) - \beta\hat{u}_r^{32}(a, \theta) \\ \delta\hat{g}^{220}(a, \theta) = \Delta\hat{g}^{220}(a, \theta) - \beta\hat{u}_r^{220}(a, \theta) \\ \delta\hat{g}^{33}(a, \theta) = \Delta\hat{g}^{33}(a, \theta) - \beta\hat{u}_r^{33}(a, \theta) \end{cases} \tag{2.48}$$

相应地，地球表面的重力变化计算公式为：

$$\begin{cases} \delta g^{12}(a, \theta, \varphi) = \delta\hat{g}^{12}(a, \theta)\sin2\varphi \\ \delta g^{32}(a, \theta, \varphi) = \delta\hat{g}^{32}(a, \theta)\sin\varphi \\ \delta g^{220}(a, \theta, \varphi) = \delta\hat{g}^{220}(a, \theta) \\ \delta g^{33}(a, \theta, \varphi) = \delta\hat{g}^{33}(a, \theta) \end{cases} \tag{2.49}$$

2.2.3　地表同震应力应变变化计算

与同震位移和重力变化的求解过程一样，省略繁琐的数学公式推导，得出四种独立点源的同震应变变化计算公式：

(1)走滑位错：

$$
\begin{cases}
e_{rr}^{12}(a,\ \theta,\ \varphi) = \dfrac{2\lambda}{\lambda + 2\mu}\sum\limits_{n=2}^{\infty}(2h_{n2}^{12} - n(n+1)l_{n2}^{12})P_n^2(\cos\theta)\sin 2\varphi \\
e_{\theta\theta}^{12}(a,\ \theta,\ \varphi) = 2\sum\limits_{n=2}^{\infty}\left[-l_{n2}^{12}\dfrac{\mathrm{d}^2P_n^2(\cos\theta)}{\mathrm{d}\theta^2} - h_{n2}^{12}P_n^2(\cos\theta)\right. \\
\qquad\left. - 2l_{n2}^{t,12}\left(\dfrac{1}{\sin\theta}\dfrac{\mathrm{d}P_n^2(\cos\theta)}{\mathrm{d}\theta} - \dfrac{\cos\theta}{\sin^2\theta}P_n^2(\cos\theta)\right)\right]\sin 2\varphi \\
e_{\varphi\varphi}^{12}(a,\ \theta,\ \varphi) = 2\sum\limits_{n=2}^{\infty}\left\{\dfrac{l_{n2}^{12}}{\sin\theta}\left(\dfrac{4P_n^2(\cos\theta)}{\sin\theta} - \cos\theta\dfrac{\mathrm{d}P_n^2(\cos\theta)}{\mathrm{d}\theta}\right) - h_{n2}^{12}P_n^2(\cos\theta)\right. \\
\qquad\left. + \dfrac{2l_{n2}^{t,12}}{\sin\theta}\left[\dfrac{\mathrm{d}P_n^2(\cos\theta)}{\mathrm{d}\theta} - \cot\theta P_n^2(\cos\theta)\right]\right\}\sin 2\varphi \\
e_{\theta\varphi}^{12}(a,\ \theta,\ \varphi) = 2\sum\limits_{n=2}^{\infty}\left\{\dfrac{4l_{n2}^{12}}{\sin\theta}\left[-\dfrac{\mathrm{d}P_n^2(\cos\theta)}{\mathrm{d}\theta} + \cot\theta P_n^2(\cos\theta)\right]\right. \\
\qquad\left. + l_{n2}^{t,12}\left[\cot\theta\dfrac{\mathrm{d}P_n^2(\cos\theta)}{\mathrm{d}\theta} - \dfrac{4P_n^2(\cos\theta)}{\sin^2\theta} - \dfrac{\mathrm{d}^2P_n^2(\cos\theta)}{\mathrm{d}\theta^2}\right]\right\}\cos 2\varphi
\end{cases}
\tag{2.50}
$$

(2)倾滑位错：

$$
\begin{cases}
e_{rr}^{32}(a,\ \theta,\ \varphi) = \dfrac{2\lambda}{\lambda + 2\mu}\sum\limits_{n=2}^{\infty}(2h_{n1}^{32} - n(n+1)l_{n1}^{32})P_n^1(\cos\theta)\sin\varphi \\
e_{\theta\theta}^{32}(a,\ \theta,\ \varphi) = 2\sum\limits_{n=1}^{\infty}\left[-l_{n1}^{32}\dfrac{\mathrm{d}^2P_n^1(\cos\theta)}{\mathrm{d}\theta^2} - h_{n1}^{32}P_n^1(\cos\theta)\right. \\
\qquad\left. - l_{n1}^{t,32}\left(\dfrac{1}{\sin\theta}\dfrac{\mathrm{d}P_n^1(\cos\theta)}{\mathrm{d}\theta} - \dfrac{\cos\theta}{\sin^2\theta}P_n^1(\cos\theta)\right)\right]\sin\varphi \\
e_{\varphi\varphi}^{32}(a,\ \theta,\ \varphi) = 2\sum\limits_{n=1}^{\infty}\left\{\dfrac{l_{n1}^{32}}{\sin\theta}\left(\dfrac{P_n^1(\cos\theta)}{\sin\theta} - \cos\theta\dfrac{\mathrm{d}P_n^1(\cos\theta)}{\mathrm{d}\theta}\right)\right. \\
\qquad\left. - h_{n1}^{32}P_n^1(\cos\theta) + \dfrac{l_{n1}^{t,32}}{\sin\theta}\left[\dfrac{\mathrm{d}P_n^1(\cos\theta)}{\mathrm{d}\theta} - \cot\theta P_n^1(\cos\theta)\right]\right\}\sin\varphi \\
e_{\theta\varphi}^{32}(a,\ \theta,\ \varphi) = 2\sum\limits_{n=1}^{\infty}\left\{\dfrac{2l_{n1}^{32}}{\sin\theta}\left(-\dfrac{\mathrm{d}P_n^1(\cos\theta)}{\mathrm{d}\theta} + \cot\theta P_n^1(\cos\theta)\right)\right. \\
\qquad\left. + l_{n1}^{t,32}\left[\cot\theta\dfrac{\mathrm{d}P_n^1(\cos\theta)}{\mathrm{d}\theta} - \dfrac{P_n^1(\cos\theta)}{\sin^2\theta} - \dfrac{\mathrm{d}^2P_n^1(\cos\theta)}{\mathrm{d}\theta^2}\right]\right\}\cos\varphi
\end{cases}
\tag{2.51}
$$

(3)水平引张位错：

$$\begin{cases} e_{rr}^{220}(a, \theta, \varphi) = \dfrac{\lambda}{\lambda + 2\mu}\sum_{n=0}^{\infty}(-h_{n0}^{22} + n(n+1)l_{n0}^{22})P_n(\cos\theta) \\ e_{\theta\theta}^{220}(a, \theta, \varphi) = \sum_{n=0}^{\infty}\left[l_{n0}^{22}\dfrac{\mathrm{d}^2P_n(\cos\theta)}{\mathrm{d}\theta^2} + h_{n0}^{22}P_n(\cos\theta)\right] \\ e_{\varphi\varphi}^{220}(a, \theta, \varphi) = \sum_{n=0}^{\infty}\left[\cot\theta l_{n0}^{22}\dfrac{\mathrm{d}P_n(\cos\theta)}{\mathrm{d}\theta} + h_{n0}^{22}P_n(\cos\theta)\right] \\ e_{\theta\varphi}^{220}(a, \theta, \varphi) = 0 \end{cases} \tag{2.52}$$

(4)垂直引张位错：

$$\begin{cases} e_{rr}^{33}(a, \theta, \varphi) = \dfrac{\lambda}{\lambda + 2\mu}\sum_{n=0}^{\infty}(-h_{n0}^{33} + n(n+1)l_{n0}^{33})P_n(\cos\theta) \\ e_{\theta\theta}^{33}(a, \theta, \varphi) = \sum_{n=0}^{\infty}\left[l_{n0}^{33}\dfrac{\mathrm{d}^2P_n(\cos\theta)}{\mathrm{d}\theta^2} + h_{n0}^{33}P_n(\cos\theta)\right] \\ e_{\varphi\varphi}^{33}(a, \theta, \varphi) = \sum_{n=0}^{\infty}\left[\cot\theta l_{n0}^{33}\dfrac{\mathrm{d}P_n(\cos\theta)}{\mathrm{d}\theta} + h_{n0}^{33}P_n(\cos\theta)\right] \\ e_{\theta\varphi}^{33}(a, \theta, \varphi) = 0 \end{cases} \tag{2.53}$$

为后续计算方便，本章仅给出了同震变形的直接计算公式，详细求解过程可以参考 Sun W. K. 等(2009)或《地震位错理论》(孙文科著)。

第3章　不同地球模型对地表同震变形计算的影响

半无限空间介质模型的位错理论在数学上非常简单，可以用解析表达式给出计算公式，使用方便。但是，该理论在物理上过于简单，没有反映出地球的曲率和地球的层状构造，甚至地球的自重。球形地球模型在物理上比半无限空间介质模型更合理，因为它可以自然地考虑地球的球状、层状以及自重。但是，该理论在数学上十分复杂，无法给出简单的解析式，必须通过数值方法进行计算。然而，考虑到现代大地测量技术的快速发展，如GPS和重力卫星等，在全球范围内均能检测到地震产生的变形，为了正确解释这些大地测量观测数据，使用更为合理地球介质模型的位错理论无疑是十分重要的。那么，鉴于半无限空间模型与球模型的物理、几何差异，地球的层状构造、自重及曲率对计算同震变形会产生多大影响，仍然是一个有待深入探讨的问题。本章基于半无限空间均质模型的Okada（1985）理论和半无限空间分层模型的Wang R. 等(2006）理论，以及球形地球模型的Sun W. K. 等(2009）理论详细地分析和讨论了这三种物理因素对计算同震变形的影响，并应用于2011年日本东北大地震(M_W9.0)的研究。

3.1　层状构造、自重和曲率对同震位移影响的数值模拟

3.1.1　层状构造对同震位移的影响

首先考虑地球的层状构造对计算变形的影响。为此，我们采用Okada（1985）和Wang R. 等(2006）的理论。Wang R. 等(2006）基于半无限空间分层的黏弹模型研究了地震引起的准静态同震变形，他通过解算走滑、倾滑及Clvd（线性偶极子）三种位错源的格林函数，开发出计算同震位移、应变变化、大地水准面及重力变化等的应用软件PSGRN/PSCMP。

一方面，为了计算层状的影响，我们分别计算均质模型和分层模型的同震变形结果，然后取其两者的差值。为了计算方便，我们采用点震源，因为点震源具有代表性，由它模拟出的结果可直接用于验证理论。另一方面，我们采用PREM（Dziewonski and Anderson，1981）模型与AK135（Kennett et al.，1995）模型，即忽略地球海水层的影响，相应的介质模型参数如表3.1所示。为了方便计算，核幔边界(2891km)以下假设为均质模型，因地震不会在核幔边界以下，同时该处距地表较远，其层状影响可以忽略不计。对于均质模型，其参数只使用表3.1中的第一层介质参数即可。利用表3.1所示的模型参数，考虑震源深度为20km的震源，利用Okada（1985）和Wang R. 等(2006）的理论分别计算三种独立点源在均质模型与层状模型下产生的位移三分量U_z，U_r，U_t的结果，两者的差值就是

层状构造的影响，其计算结果绘于图 3.1。

表 3.1　**PREM 模型(左侧)与 AK135 模型(右侧)的部分分层数据**

No.	Depth (km)	V_p(m/s)	V_s(m/s)	Rho (kg/m³)	No.	Depth (km)	V_p(m/s)	V_s(m/s)	Rho (kg/m³)
1	0.00	5.800d+03	3.200d+03	2600.0	1	0.00	1.650d+03	1.0000d+03	2000.0
2	3.00	5.800d+03	3.200d+03	2600.0	2	3.00	1.650d+03	1.0000d+03	2000.0
3	3.00	5.800d+03	3.200d+03	2600.0	3	3.30	1.650d+03	1.0000d+03	2000.0
4	15.00	5.800d+03	3.200d+03	2600.0	4	3.30	5.800d+03	3.2000d+03	2600.0
5	15.00	6.800d+03	3.900d+03	2900.0	5	10.00	5.800d+03	3.2000d+03	2600.0
6	24.40	6.800d+03	3.900d+03	2900.0	6	10.00	6.800d+03	3.9000d+03	2920.0
7	24.40	8.110d+03	4.490d+03	3380.0	7	18.00	6.800d+03	3.9000d+03	2920.0
8	80.00	8.100d+03	4.470d+03	3374.0	8	18.00	8.034d+03	4.4839d+03	3641.0
9	80.00	8.100d+03	4.470d+03	3374.0	9	43.00	8.038d+03	4.4856d+03	3580.0
10	150.00	8.000d+03	4.400d+03	3367.0	10	80.00	8.040d+03	4.4800d+03	3502.0
11	220.00	7.990d+03	4.420d+03	3359.0	11	80.00	8.045d+03	4.4900d+03	3502.0
12	220.00	8.560d+03	4.640d+03	3435.8	12	120.00	8.051d+03	4.5000d+03	3426.8
13	2891.00	11.620d+03	6.310d+03	4644.9	13	120.00	8.051d+03	4.5000d+03	3426.8
					14	2891.00	11.753d+03	6.3931d+03	4704.7

(注：No 为地球分层的层号，Depth 为本层的界面深度，V_p 为纵波速度，V_s 为横波速度，Rho 为介质的密度。)

由图 3.1 可知，均值模型与分层模型产生的差异非常大，基本上所有的差异超过10%，最大的可达 20%；AK135 模型的结果显示，其层状构造的影响比 PREM 模型的结果大很多，基本上超过 20%，最大的可达 50%，这是由 AK135 模型的定义方法与 PREM 模型不一样导致的。

下面考虑点震源位于不同深度时层状构造的影响如何变化。我们在 PREM 模型的基础上，分别考虑 20km 的点源与 100km 的点源受分层效应的影响，结果如图 3.2 所示。

从图 3.2 可知，震源越深，分层效应的影响越大，当震源在 100km 时，层状构造的影响达到 25%。这是由于震源加深，地球模型的分层参数增多所造成的。

3.1.2　自重对同震位移的影响

地震产生的同震位移也会受到地球自重的影响，重力的影响由 Rundle (1980) 首次提出，后来也有一些相关的研究(Rundle，1982；Pollitz，1997；Wang，2005)，不过 Rundle (1982) 认为自重的影响可以被忽略。然而，Wang R. (2005) 认为重力对同震变形的影响与对震后的影响是不一致的，比如 1960 年的智利地震(M_W9.5)，重力对其同震变形的影响只有 4%，但是考虑到长时间的尺度，它的影响能达到 20%。本节我们考虑一个 PREM 介质的球模型，比较同震位移在带重力与不带重力两种模型下产生的差异。在球坐标系统下，分别计算100km深的四个独立点源(走滑、倾滑、水平引张、垂直引张)产生的位移

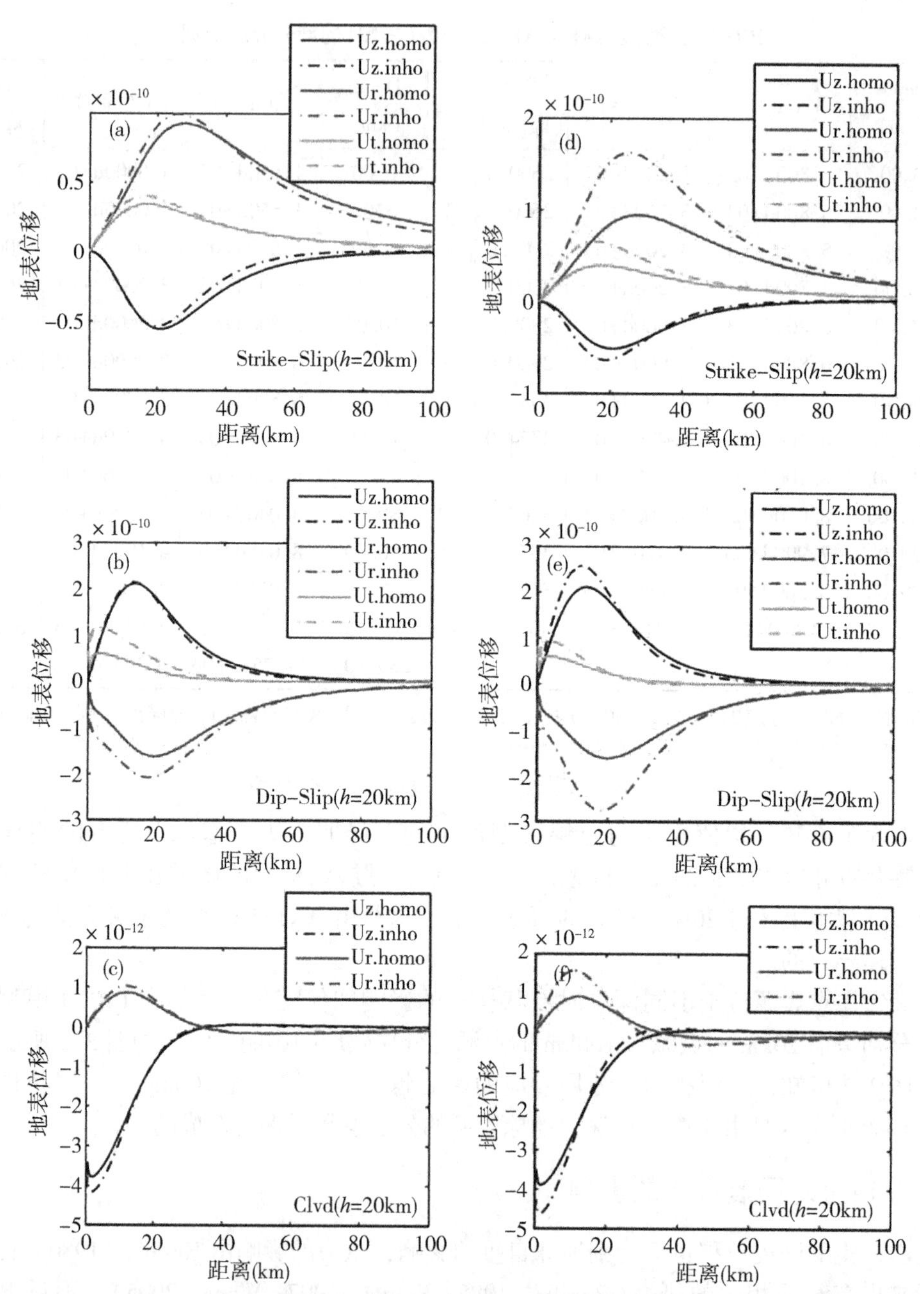

注：震源深度均为 20km；左列的三行（a，b，c）采用了 PREM 模型的介质参数，右列的三行（d，e，f）采用了 AK135 模型的介质参数。

图 3.1　点震源（走滑、倾滑、Clvd）分别在均质半无限空间模型(实线)与分层半无限空间模型(虚线)下产生的地表位移

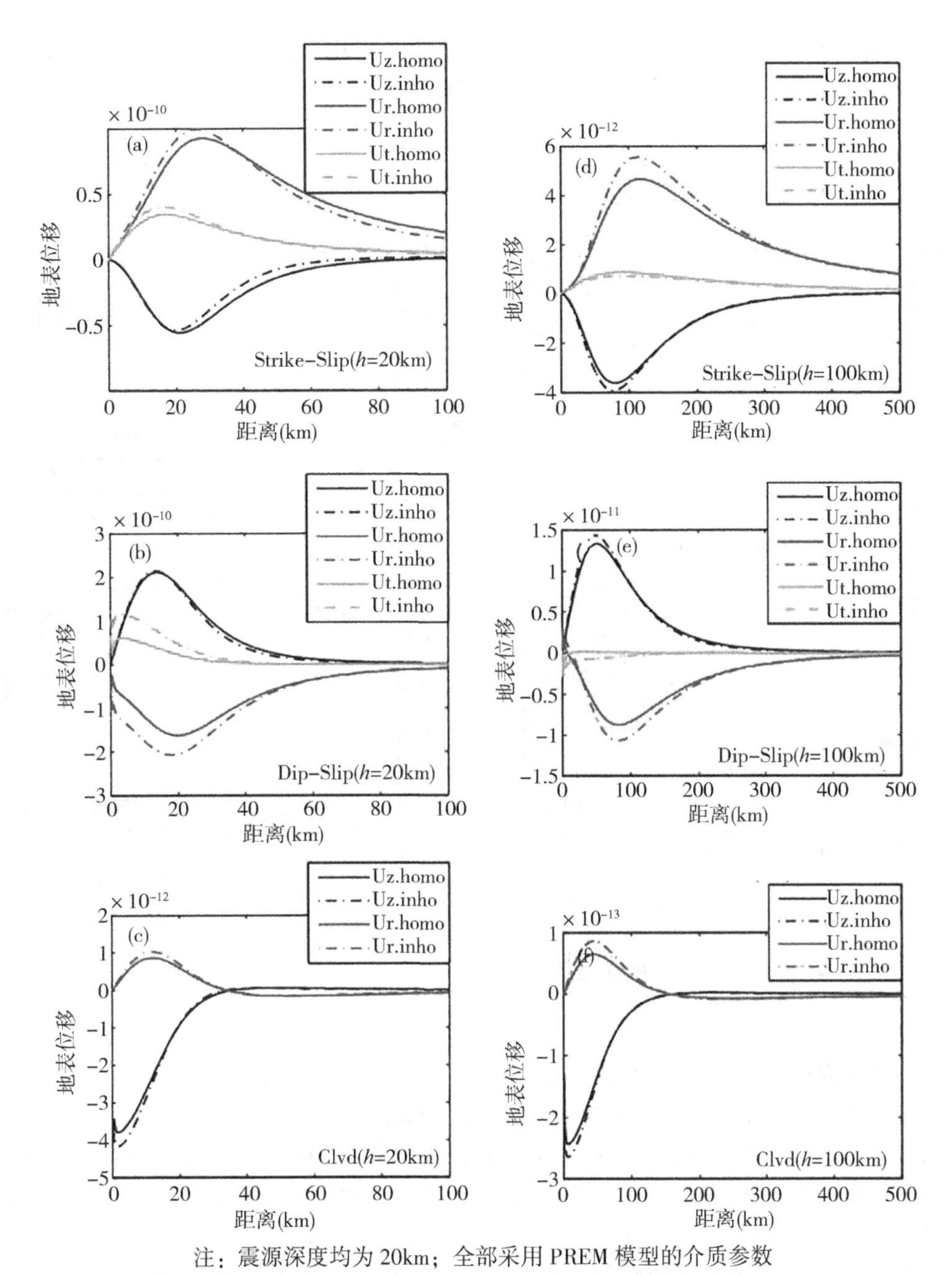

注：震源深度均为 20km；全部采用 PREM 模型的介质参数

图 3.2　点震源(走滑、倾滑、Clvd)分别在均质半无限空间模型(实线)与分层半无限空间(虚线)下产生的地表位移

三分量 U_r，U_θ，U_λ，计算结果如图 3.3 所示。为了更真实地反映重力的影响，我们采用相对误差的形式(百分比)展现结果，计算方法如式(3.1)。图 3.3 显示，只有水平引张位错受重力的影响大一些，最大在 11%左右；其他位错源受重力的影响不超过 1.5%。震源在 20km 深处的计算结果(限于篇幅省略其图)则显示：水平引张位错受的影响最大不超过 2.5%，其他的不到 0.2%。这意味着重力的影响对震源类型有依赖性。图 3.3 的结果也显

示重力影响对浅源地震影响比较小，对深源地震的影响相对较大。这也证实了 Soldati 等(1998) 的研究结果：深源地震的同震重力扰动比较大。

$$\varepsilon = \frac{\boldsymbol{u}^{(2)} - \boldsymbol{u}^{(1)}}{|\boldsymbol{u}_{\max}^{(1)}|} \tag{3.1}$$

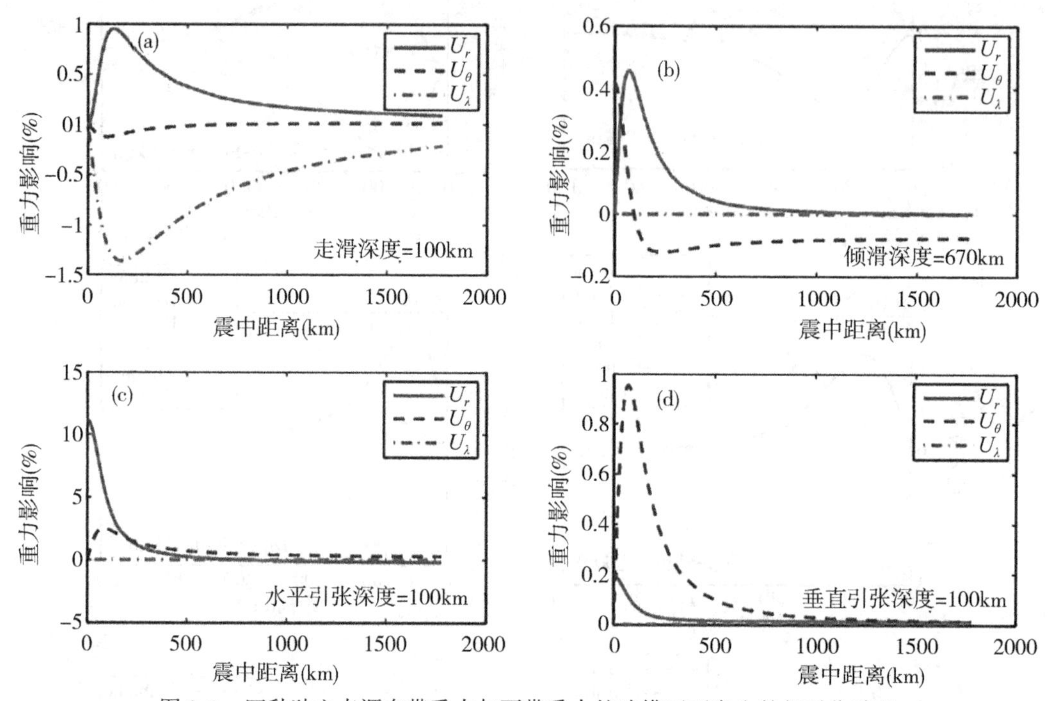

图 3.3　四种独立点源在带重力与不带重力的球模型下产生的相对位移差

3.1.3　曲率对同震位移的影响

本小节研究地球的曲率对同震变形的影响。以前的学者在研究曲率的影响时都是采用半无限空间模型与球模型的结果对比的方法(Pollitz，1996；Nostro et al.，1999；Sun，Okubo，2002)，在本研究中我们提出一个新的方法研究曲率的影响，即通过比较两个不同半径的球模型的差异来研究曲率的影响：将实际球半径的均质球模型(Model 1)与 10 倍地球半径的均质球(Model 2)做比较。对于 100km 深度以内的震源来说，10 倍半径的球模型(Model 2)就相当于半无限空间模型。对于这样两个球体，我们均采用 Sun W. 等(2009)定义的四种独立点源：走滑、倾滑、水平引张与垂直引张，并计算其相应的同震位移，计算结果在图 3.4 中给出。结果显示的是 100km 深的点源在 Model 1 与 Model 2 下产生的位移，它们的差异太小几乎看不到。为了给出一个定量的描述，我们求出它们的相对差，其结果如图 3.5 所示。由图 3.5 可见，地球曲率的影响相对于地球层状构造的影响非常小，但是，在近场产生的相对曲率影响不超过 5%。而震源(点源)为 20km 时的最大曲率影响大约为 1%(图略)。总之，地球曲率对同震变形的影响随着震源加深而变大。

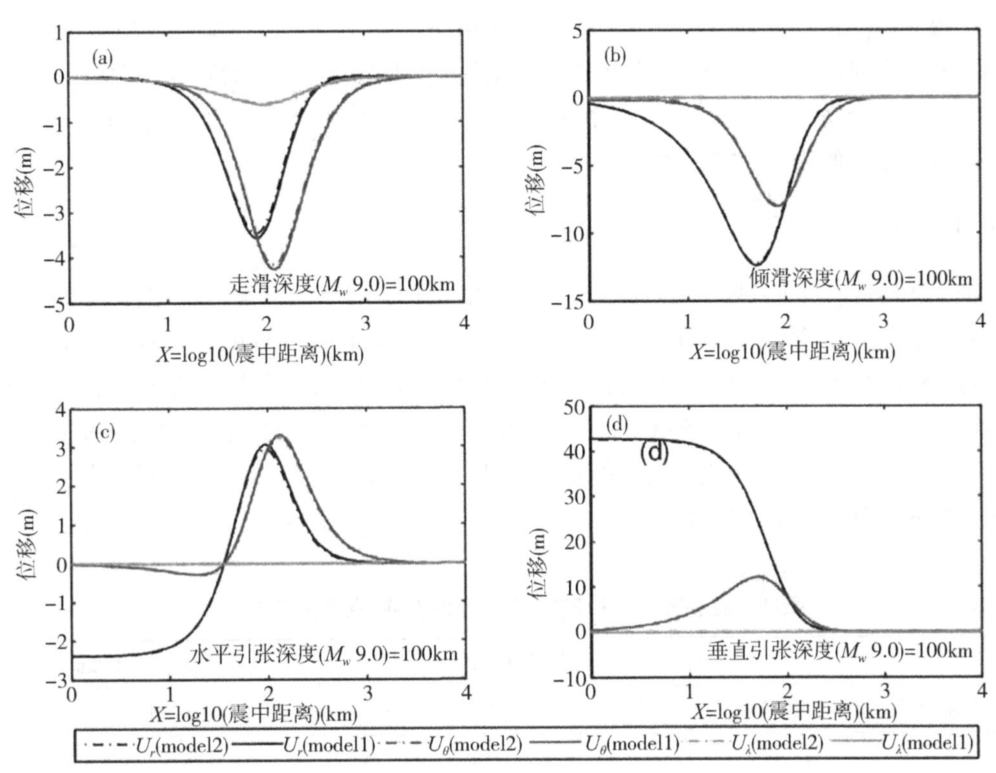

图 3.4 在两种均质球模型下产生的同震位移比较图（实线代表 Model 1，点画线代表 Model 2，X 轴是震中距的对数）

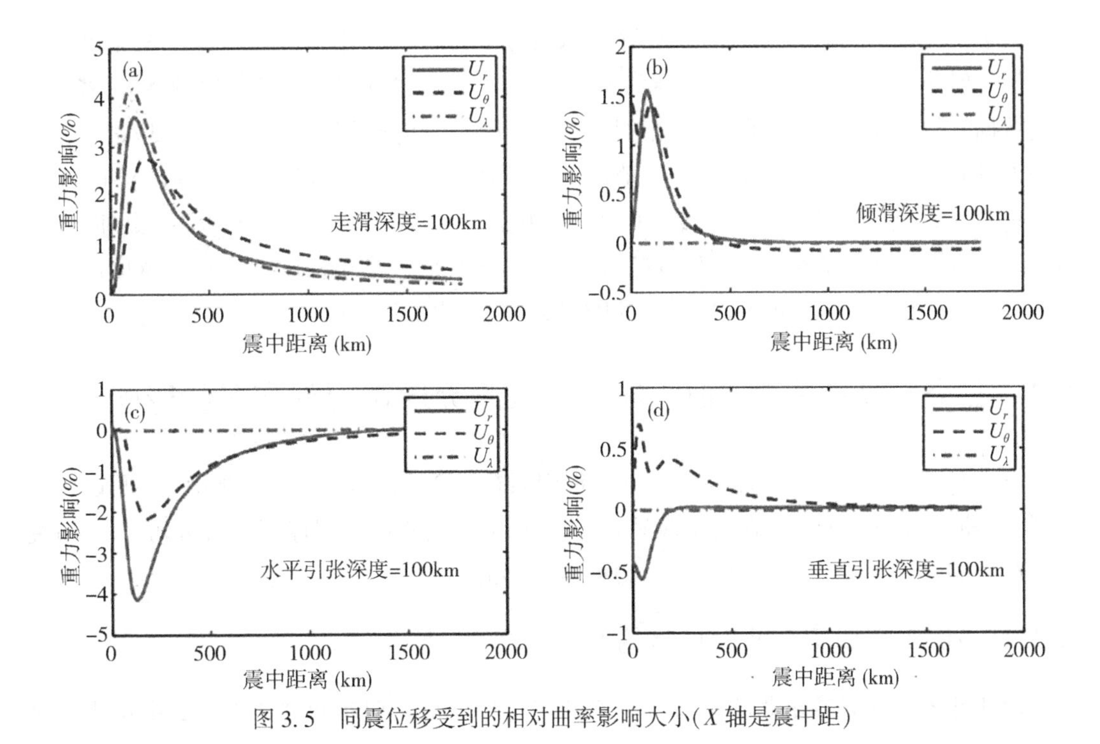

图 3.5 同震位移受到的相对曲率影响大小(X 轴是震中距)

值得一提的是，Nostro 等(1999) 基于半无限空间模型与不可压缩的球模型，也研究了曲率和重力对同震与震后变形的影响。他们认为重力对同震变形的影响非常小，然而在震后它的影响会增大。基于流变学的特性，他们在研究 1960 年的智利大地震时，发现变形结果对地幔下的软流圈特别敏感。

3.1.4　小结

把层状构造、自重及曲率对点震源引起的同震位移影响总结于表 3.2。由表 3.2 的结果可以看出，层状构造的影响要比重力与曲率的影响大得多，Pollitz (1996)，Nostro 等 (1999)，Sun 和 Okubo (2002) 也认为模型的分层构造对同震变形的影响很大。随着现今大地测量观测数据精度的提高，5000km 内的同震位移可以达到毫米级的分辨率(Petrov et al., 2009)，所以对于大地震来说，这三种效应均可以被检测出来，它表明在计算同震变形中选用合理的地球模型是必要的。

表 3.2　　**层状构造、重力、曲率对同震位移的影响(点源模拟结果)**

	震源深度 = 20km	震源深度 = 100km
层状构造(基于 PREM)	≤20 %	≤25 %
重力	≤2.5 %	≤11 %
地球曲率(near-field)	≤1.0 %	≤5.0 %

由于半无限空间均匀模型的解析解 (Okada, 1985) 在使用上的便捷性，至今仍被广泛应用，但是因为它无法反映地球层状和曲率效应，在高精度断层反演以及解释精密大地测量数据时具有非常大的局限性。相对而言，半无限空间分层介质模型的位错理论在物理模型上具有很大进步，因为它顾及了地球的层状构造，其计算程序，如 EDGRN/EDCMP (Wang R. 等 2003) 和 PSGRN/PSCMP (Wang R. et al., 2006) 在实际应用中便更加合理。为了进一步考虑地球的球状(曲率)效应，满足远场变形计算对精度的要求，球形地球模型无疑是最合理的，如 Sun W. K. 等(2009)的研究说明了这一点。

3.2　三个物理因素对 2011 年日本东北大地震同震变形的影响

作为实际震例，本节综合考虑三个物理因素(层状、曲率、自重)的影响，假设两个模型：不带自重的均质半无限空间模型(Model 1)和带自重的分层球模型(Model 2)，研究它们对 2011 年日本东北大地震(M_W9.0)同震变形的影响。

3.2.1　2011 年日本东北大地震的 GPS 观测数据

2011 年发生在日本东北部海域的大地震(M_W9.0)是大型逆冲型地震，震中位于宫城县以东太平洋海域(38.322°N，142.369°E)，震源深度为24.4km。此次地震发生于地震活动性比较显著的太平洋板块和北美板块的俯冲带上，太平洋板块经过鄂霍次克（Okhotsk）板块（Seno et al.，1996）和菲律宾板块，一直俯冲到亚欧板块下，最深可达到700km，是一次典型的大型逆冲型地震，俯冲板块上的破裂区最大达到300km(长)×150km(宽)。它是日本有地震记录以来发生的最强烈的地震，地震引发了高达10m的海啸，影响到太平洋沿岸的大部分地区，并造成日本福岛第一核电站发生核泄漏事件，加上其引发的火灾，给东北部的部分城市带来了毁灭性的灾害。

密集的日本GEONET网站精确记录了此次地震的过程，并公布了1232个GPS观测点的数据，GPS时间序列数据为该地震的同震及震后研究提供了翔实数据，数据显示日本东北部海岸向东移动的最大值有4.3m，海岸线平均下沉的最大值有0.5m。Wei等(2012)给出的断层滑动模型(如图3.6)就是基于地震波数据和GPS数据联合反演得到的，它由21×13个子断层组成，每一个子断层的大小为25km×20km，断层走向为201°，倾角为10°，断层滑动模型的公布为地震造成的同震变形计算提供了基础，然而国际上公开的断层滑动模型比较多，这并不是唯一版本。

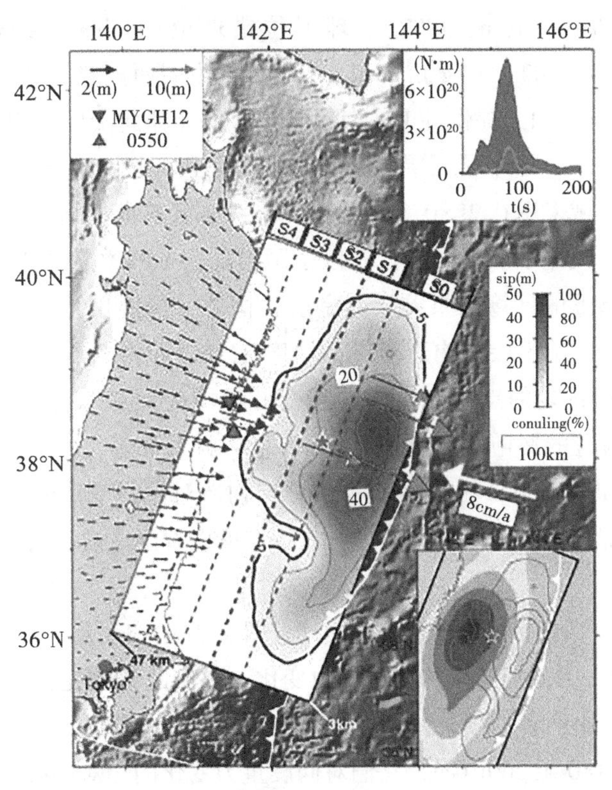

图3.6　2011年日本东北大地震的断层滑动分布（Wei et al.，2012）及板块构造背景

除了形变大地测量观测手段，重力卫星 GRACE 也能够检测出大于 M_W8.8 的俯冲型地震引起的同震和震后重力场变化（Han et al., 2006；Matsuo, Heki, 2011；Zhou X. et al., 2012）。Wang L. 等(2012) 利用 GRACE 数据作约束研究了 2011 年日本东北大地震的同震和震后变形。虽然 GRACE 只体现了低阶重力场，但 GRACE 观测可以全空间覆盖，而且观测到的是质量的迁移特征。

3.2.2 对日本地区及中国大陆同震变形的影响

我们分别考虑不带自重的均质半无限空间模型(Model 1)与带自重的分层球模型(Model 2)：Model 1 是 Okada（1985）中提出的模型，Model 2 中我们加入 PREM (Dziewonski, Anderson, 1981) 模型的径向参数、地球的自重 g 以及曲率，这是更接近真实地球的研究模型（Sun W. K. et al., 2009）。分层构造的影响在地震研究中已经被研究者广泛认可(Pollitz, 1992；Han and Wahr, 1995；Wang R. et al., 2003)，自重的影响由 Rundle（1980）首次提出，不过 Rundle（1982）认为自重的影响可以被忽略，但 Wang R.(2005) 认为重力对同震变形的影响与对震后的影响是不一致的，而且 Soldati 等(1998) 曾提出：深源地震的同震重力扰动比较大。曲率的影响也随着 Nomal Model（Piersanti et al., 1997；Sabadini and Vermeersen, 1997)、球形位错理论(Pollitz, 1996；Sun and Okubo, 1993；Sun and Okubo, 2002；Dong J. et al., 2014）的发展而被定量研究。

我们使用 Hayes（2011）提供的 USGS 断层数据来计算此次地震引起的日本近场及远场(中国大陆)变形，共 325 个子断层，断层的走向为 194.4°，倾角为 10°。基于两种地球模型，我们在近场区域采用 0.2°×0.2°的分辨率，分别计算此次地震引起的近场地表同震重力变化、近场同震大地水准面变化；并以中国大陆的 GPS 测点为准，计算远场的同震位移变化。两种模型下的计算结果差异就是层状构造、自重和曲率对同震变形的综合影响。Dong J. 等(2014) 给出层状构造对震源深度在 100km 内的点源产生的同震变形影响有 25%；自重对 100km 内的点源产生的同震变形影响最大有 11%；而曲率的影响最小，不超过 5%。层状构造的影响要比重力与曲率的影响大得多，Pollitz（1996），Nostro 等(1999)，Sun 和 Okubo（2002）也认为模型的分层构造对同震变形的影响很大。在实际震例中，三者的影响都会融合在一起，通过对比我们可以看出球模型对半无限空间模型的具体优越性。

结果显示同震变形随距离增加而快速衰减，图 3.7(a)(b)为 2011 年日本东北大地震在 Model 1 与 Model 2 下分别产生的同震重力变化，它们的整体变化趋势基本一致，但是局部差异仍然很大，由两者的结果差图 3.7(c)可以看出，震源以东的海域受到三种因素的影响最大，达到-160 至 260μGal，它们对同震重力变化的相对影响可达到 23%(彩图见附录)。

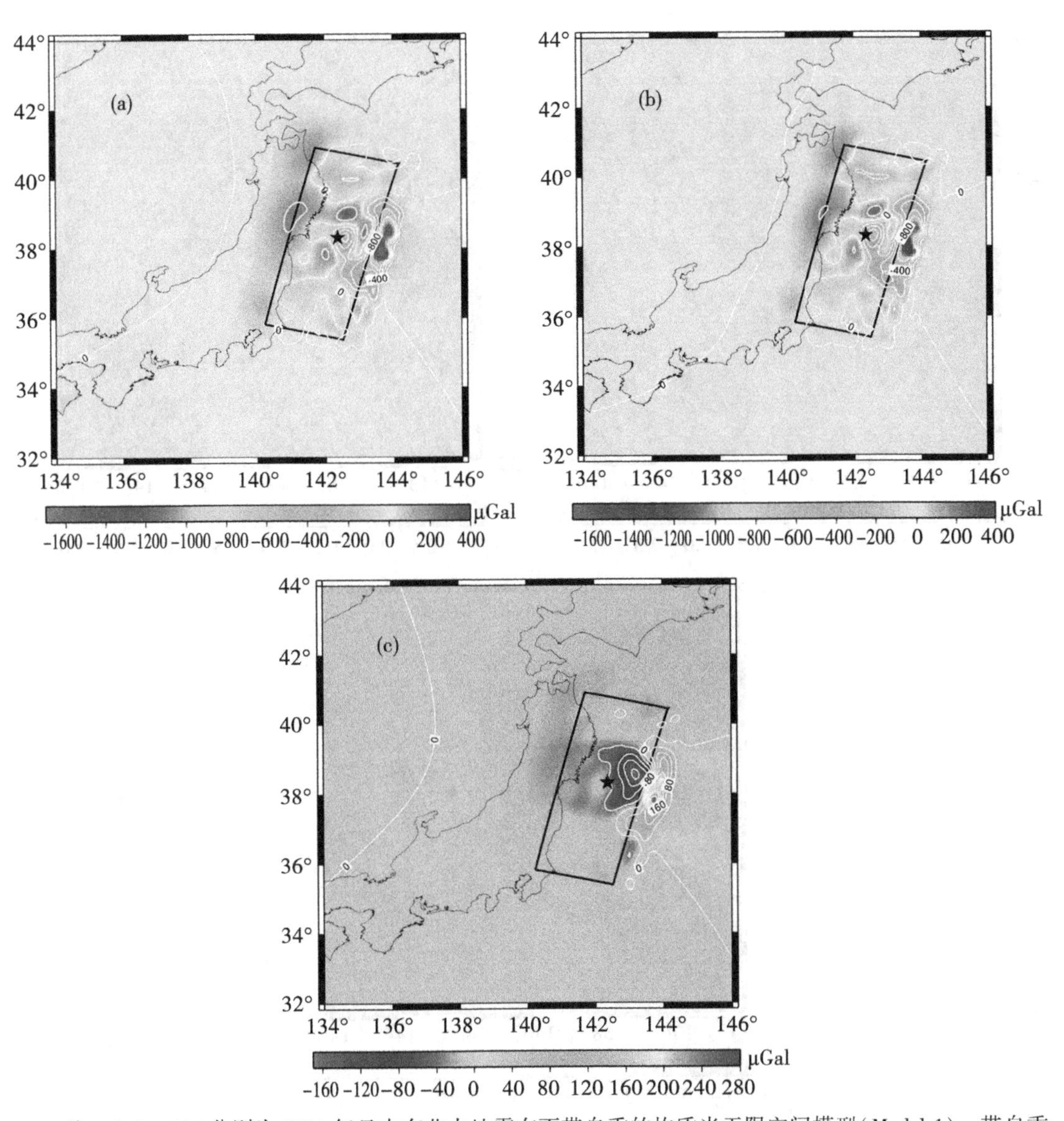

注：(a)、(b)分别为2011年日本东北大地震在不带自重的均质半无限空间模型(Model 1)、带自重的分层球模型(Model 2)下产生的近场同震重力变化，(c)为两者的差，黑色实线是断层边界，五角星是震中。

图3.7 2011年日本东北大地震在Model 1和Model 2下产生的近场同震重力变化及两者的差示意图

图3.8(a)(b)显示，两种模型下的大地水准面变化差异并不十分大，而重力变化相对更敏感一些。图3.2.3(c)是Model 1与Model 2的大地水准面结果差(9%)，可以看出层状构造、自重以及曲率对同震大地水准面变化的综合影响比较弱。

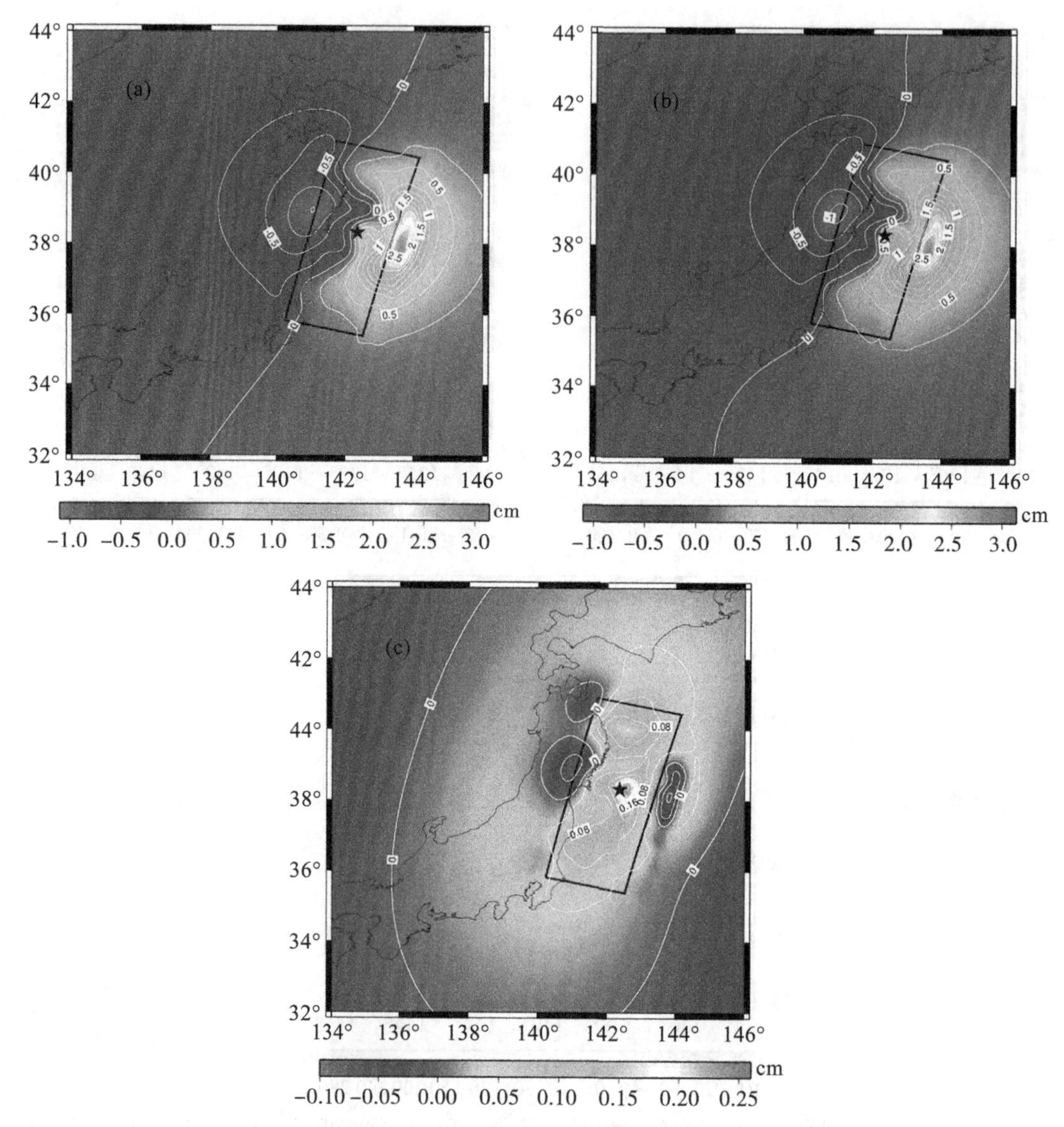

注：(a)、(b) 分别为 2011 年日本东北大地震在不带自重的均质半无限空间模型 (Model 1)、带自重的分层球模型 (Model 2) 下产生的大地水准面变化，(c)为两者的差，黑色实线是断层边界，五角星是震中。

图 3.8　2011 年日本东北大地震在 Model 1 和 Model 2 下产生的大地水准面变化及两者的差示意图

在中国大陆地区，在两种地球模型下计算出的远场位移差异特别大，如图 3.9 所示，对均质半无限空间模型(Model 1)：地震引起的远场最大水平位移有 4.5 cm，最大垂直位移有 5.0mm。对带自重的分层球模型(Model 2)：最大的水平位移是 3.0 cm，最大的垂直位移是 1.1mm。而 Model 2 的结果与 Wang M. 等(2011) 的 GPS 观测结果更接近。对远场变形来说，如果忽略三种因素的影响，对水平位移将会造成31.8%的差异，对垂直位移将会造成71.4%的差异。这种由模型选择而带来的误差在远场变形上差异十分明显，会直接影响到对观测结果的合理解释，而且随着现今大地测量观测数据精度的提高，5000km内的同震位移可以达到毫米级的分辨率(Petrov et al., 2009)，所以对于大地震来说，这种差异是可以被检测出来的，可见，地球的模型选择非常重要。

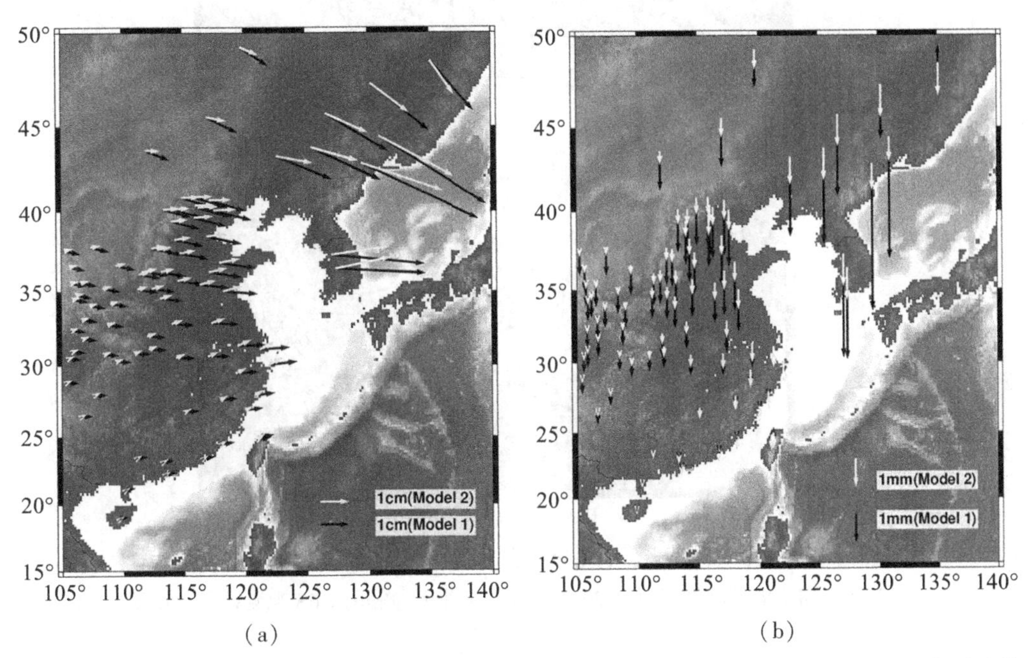

图3.9　2011年日本东北大地震在不带自重的均质半无限空间模型(Model 1)、带自重的分层球模型(Model 2)下引起的远场(中国大陆地区)水平位移(a)与垂直位移(b)变化示意图

3.2.3　层状构造对断层反演的影响

由上述结果可知，地球层状构造对同震变形的影响十分大，那么，层状构造对反演断层滑动分布影响如何呢？换言之，如果使用相同的观测数据和相同的地震位错理论，但是考虑如上所述的两种地球介质模型所反演的断层滑动分布的差异如何？本节我们对此进行分析和讨论。

截至目前，很多学者大多使用均质弹性半无限空间模型的位错理论(Okada, 1985)来反演断层滑动分布。为了验证其反演结果的正确性，他们利用反演断层的滑动分布做正演，即计算该滑动分布产生的位移场，发现正演结果与反演符合得非常好，便认为反演结果正确。然而，这种做法在某种意义上是错误的，利用正演证明反演只能证明反演过程的自洽性，不能证明反演的正确性。为了定量地描述层状构造在断层反演中的重要性，我们需要观察这两个反演的断层环东部分布的差异。为此，我们采用GeoNet网站的1232个

GPS 观测点(如图 3.10)分别在均质的半无限空间模型与分层的半无限空间模型下反演 2011 年日本东北大地震(M_W9.0)的断层滑动分布结果。

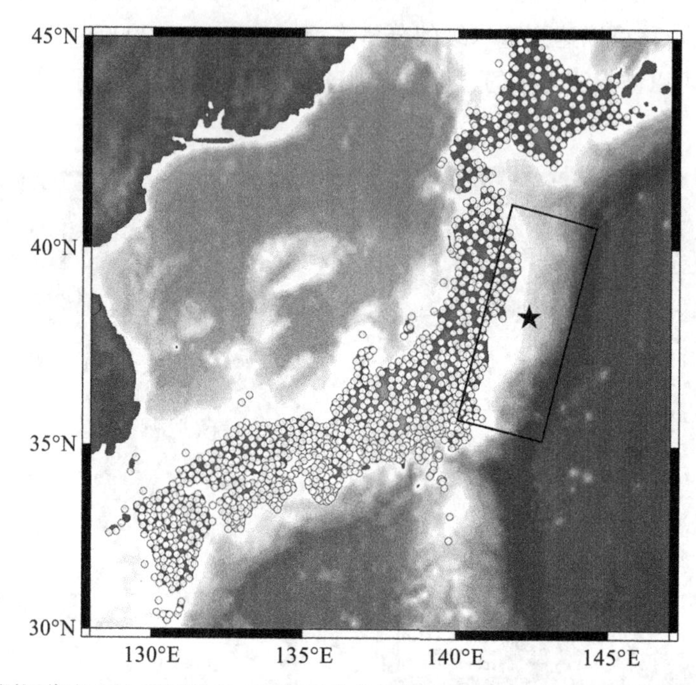

注：圆圈代表 GPS 观测站点，五角星代表震源的位置，黑色方框代表断层位置。

图 3.10　GEONET 网站提供的 2011 年日本东北大地震的 GPS 观测站点示意图

选取一个长 600km、宽 240km 的有限矩形断层，并采用 NEIC 定义的 W-相位解：断层的走向角为 193°，倾角为 14°。使用 ARIA 研究组给出的 GPS 位移观测数据(version0.3)，分层模型采用表 3.1 中定义的 PREM 介质模型，均质模型采用该 PREM 模型的第一层数据，反演方法采用的是最小二乘约束，反演结果如图 3.11 所示。

图 3.11(a)与(b)显示的整体滑动趋势比较接近，但在滑动量上相差(3.11(c))非常大，在断层右边界的滑动量甚至产生了近 5m 的差异。此处只有日本岛的 GPS 观测数据，尽管数据很密但对于此次地震，由于观测点只覆盖了断层的左侧，缺少断层右侧接近日本海沟处的 GPS 数据，缺乏海底约束，故反演的结果与实际的断层滑动模型有些差异，此处我们只是分析层状构造的影响，从两种模型的结果差中我们得出，层状构造对反演断层滑动分布的影响有 18%，由于实际震例的断层是由一定数量比较小的子断层(可看作点源)组合在一起的，相对比较复杂，所以得出的影响值也不同。在震级反演上，分层模型给出的震级是 M_W9.0，而均质模型给出的震级只有 M_W8.8。所以，结果表明地球层状构造对反演断层的滑动分布所产生的影响非常大。

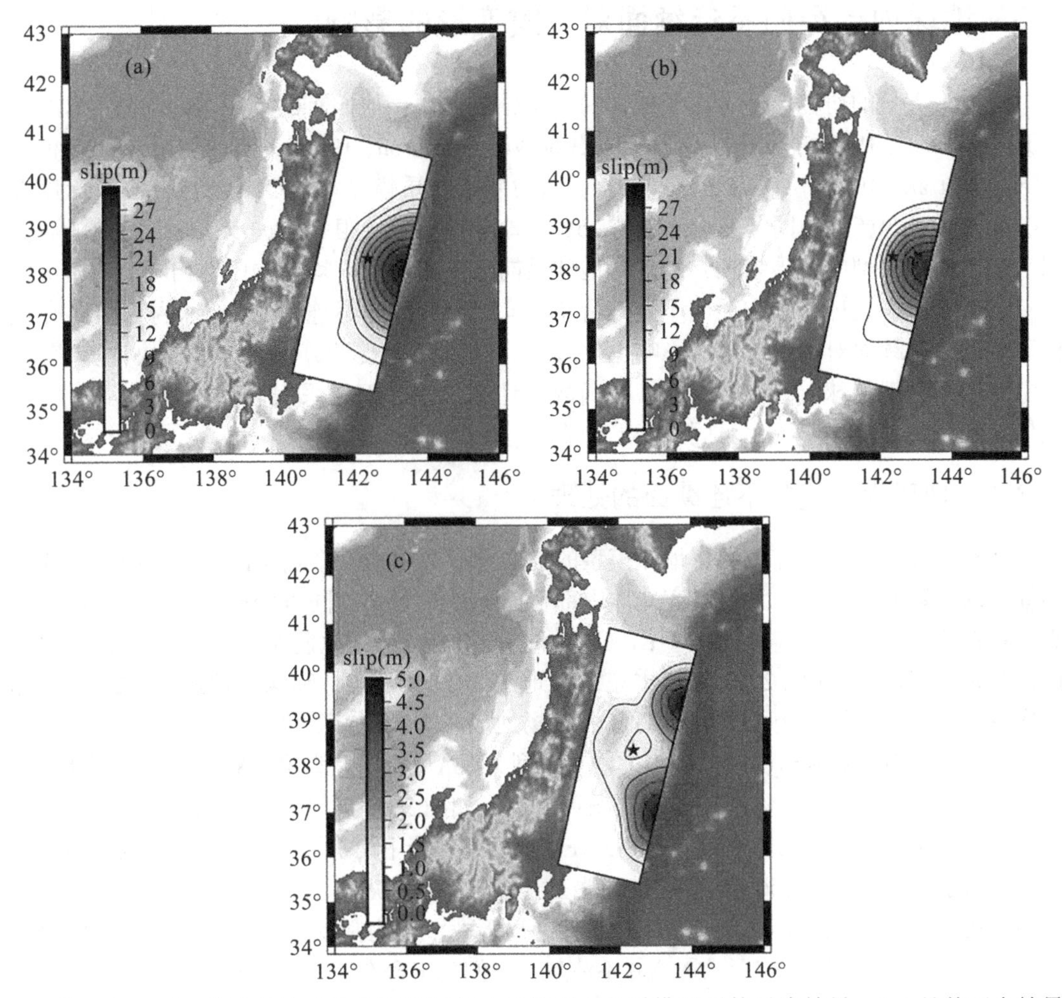

注：(a)、(b)分别对应于半无限空间的分层模型与均质模型下的反演结果，(c)是前两个结果的差。

图 3.11 层状构造对断层滑动分布反演结果的影响示意图(Dong J. et al., 2014)

需要注意的是，上述反演仅仅是为了验证层状构造对断层滑动分布的影响。为了得到较好的反演结果，除了正确选取地球模型之外，还需要考虑地震波形数据、GPS 数据、海底 GPS 数据等，通过联合反演、滑动参数约束等才能得到一个更加准确的断层滑动分布模型。反演断层滑动分布是一个复杂的过程。关于 2011 年日本东北大地震(M_W9.0)，Pollitz 等(2011) 在球分层模型下采用此次地震的陆地 GPS 数据与海底 GPS 数据联合反演了它的断层滑动分布，给出最大滑动量是 33m。更多的反演研究可参见 Chlieh 等(2007)，Hoechner 等(2008)，Hayes (2011)，Iinuma 等(2011)，Lay 等(2011)，Shao 等(2011)，Wei 等(2011)，Pollitz 等(2011)。

3.3 地球内部径向不连续面对同震变形的影响

目前，大量的研究已经考虑了地球的径向分层模型：他们有的使用 1066A 模（Gilbert and Dziewonski，1975）、PREM 模型（Dziewonski，Anderson，1981），有的使用 AK135 模型（Kennett et al.，1995）。Dong J. 等(2014) 认为层状介质模型(PREM 模型)对震源深度在 100km 内的点源产生的同震变形影响有 25%。地球模型有了很大的进步，然而之前的研究只考虑了地球模型的分层结构，即含有地球径向分层参数的平均结构模型相对于均质球的变化，并未考虑地球内部的径向不连续界面(即介质参数的不连续)，地球内部径向介质模型中的不连续面对同震变形的影响也比较大。在实际地震计算中，为了加快计算速度，通常我们不会把地球内部每一层的格林函数都计算出来，而是采用插值的方法，本节中，我们详细分析一下不连续面对同震变形的影响。

3.3.1 地球内部径向不连续面的处理

在实际计算中，研究者们将地球模型的径向分层离散成一个精细的分层，而不连续界面周围的参数被平滑掉，为了研究地球内部径向不连续界面对同震变形的影响，我们依据真实存在的地球内部不连续面模型(1066A 和 1066B 模型)、地震断层参数和地表实测数据，分别对浅源地震(以 2011 年日本东北大地震 M_W 9.0 为例)和深源地震(以 2013 年鄂霍次克海地震 M_W 8.3 为例)产生的近场和远场地表重力、位移等进行分析。

Gilbert 和 Dziewonski (1975)提出的两个模型 1066A(连续模型)和 1066B(不连续模型)都十分符合原始数据，从两个模型的对比图可看出，如图 3.12 所示，1066A 和 1066B 模型中的第一个不连续面分别在 11km 和 21km，在液核和下地幔中两个模型几乎是一致的，但在上地幔中的差异比较大，1066A 模型在上地幔是连续的，而 1066B 模型是不连续的，1066B 模型中上地幔的不连续面在 420km 和 671km 处。尽管两个模型都反映了地球的径向不均匀结构，但两者的差异对同震变形的影响并不清楚，我们基于含有连续、不连续间断面的地球模型，采用地震位错理论计算同震变形受到不连续间断面的影响，并给出统计分析结果。

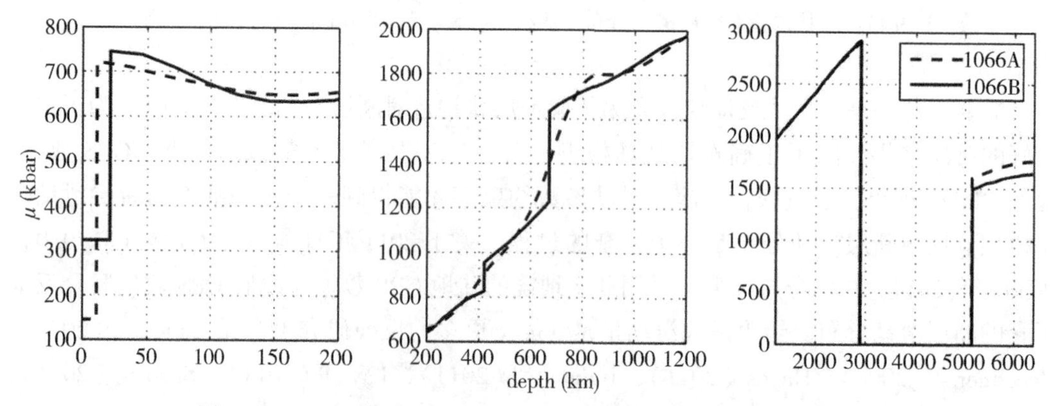

图 3.12　1066A 模型(虚线)和 1066B 模型(实线)的剪切模量 (μ)

3.3.2 不连续面对位错 Love 数和格林函数的影响

基于 SNREI 地球模型，Sun W. 等(2009)提供了一套计算同震变形的数值积分公式，该理论包含了分层结构、自重和地球曲率的影响。基于该地震位错理论，我们在忽略不连续面的 1066A 模型和含有不连续面的 1066B 模型下，计算地球内部径向不连续面的影响。我们考虑了四种独立点源：走滑点源(SS)、倾滑点源(DS)、水平引张点源(HT)和垂直引张点源(VT)，分别计算它们在 1066A 和 1066B 模型下的位错 Love 数和格林函数。当考虑 420km 处的不连续面时，分别计算两种模型在 419km 和 421km 处的位错 Love 数(见图 3.13)，定义 $UdS/R^2=1$，为确保精度，球函数计算到 n 阶($n=10.0\cdot$半径/震源深度)。

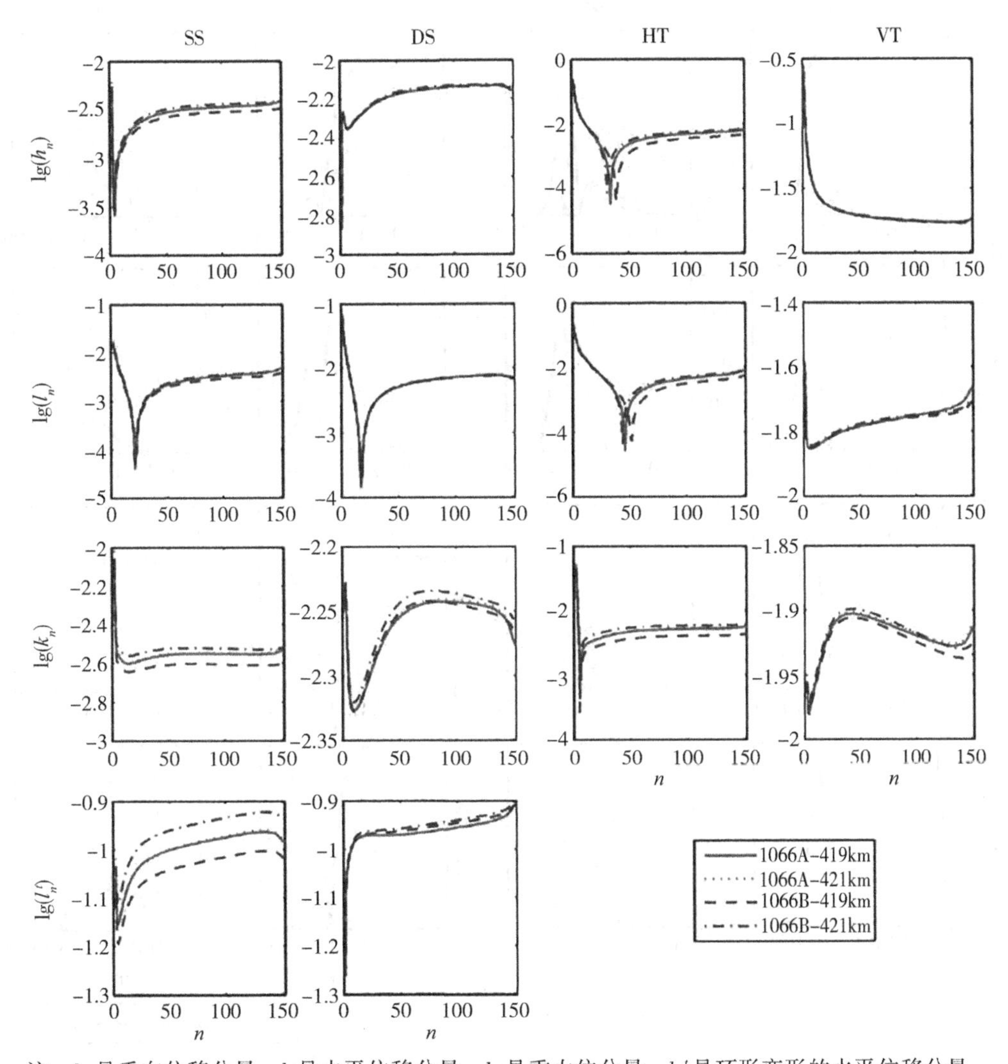

注：h_n是垂向位移分量，l_n是水平位移分量，k_n是重力位分量，l_n^t是环形变形的水平位移分量。

图 3.13 走滑(SS)、倾滑(DS)、水平引张(HT)和垂直引张(VT)点源分别基于 1066A 和 1066B 模型在地球内部 419km 和 421km 处产生的位错 Love 数

在图 3.13 中，h_n、l_n、k_n是球形变形的位错 Love 数，分别对应垂向位移分量、水平位移分量和重力位分量，l_n'是环形变形的水平位移分量。不连续面对走滑(SS)和水平引张(HT)点源的位错 Love 数造成的影响比较大，相对地，对倾滑(DS)和垂直引张(VT)点源的影响较小。对走滑源引起的环形水平位移来说，两个模型的差异非常明显，达到10%。由于震源机制的定义，引张源不存在环形变形，故引张源的环形变形 l_n'图略。

在图 3.14 中，我们根据四种点源在 419km 和 421km 处产生的格林函数来直观地显示不连续面产生的影响。基于 1066B 模型(实线)的格林函数差比 1066A 模型的格林函数差(虚线)大很多，该格林函数差是由不连续面的影响造成的。对于走滑和水平引张源，基于

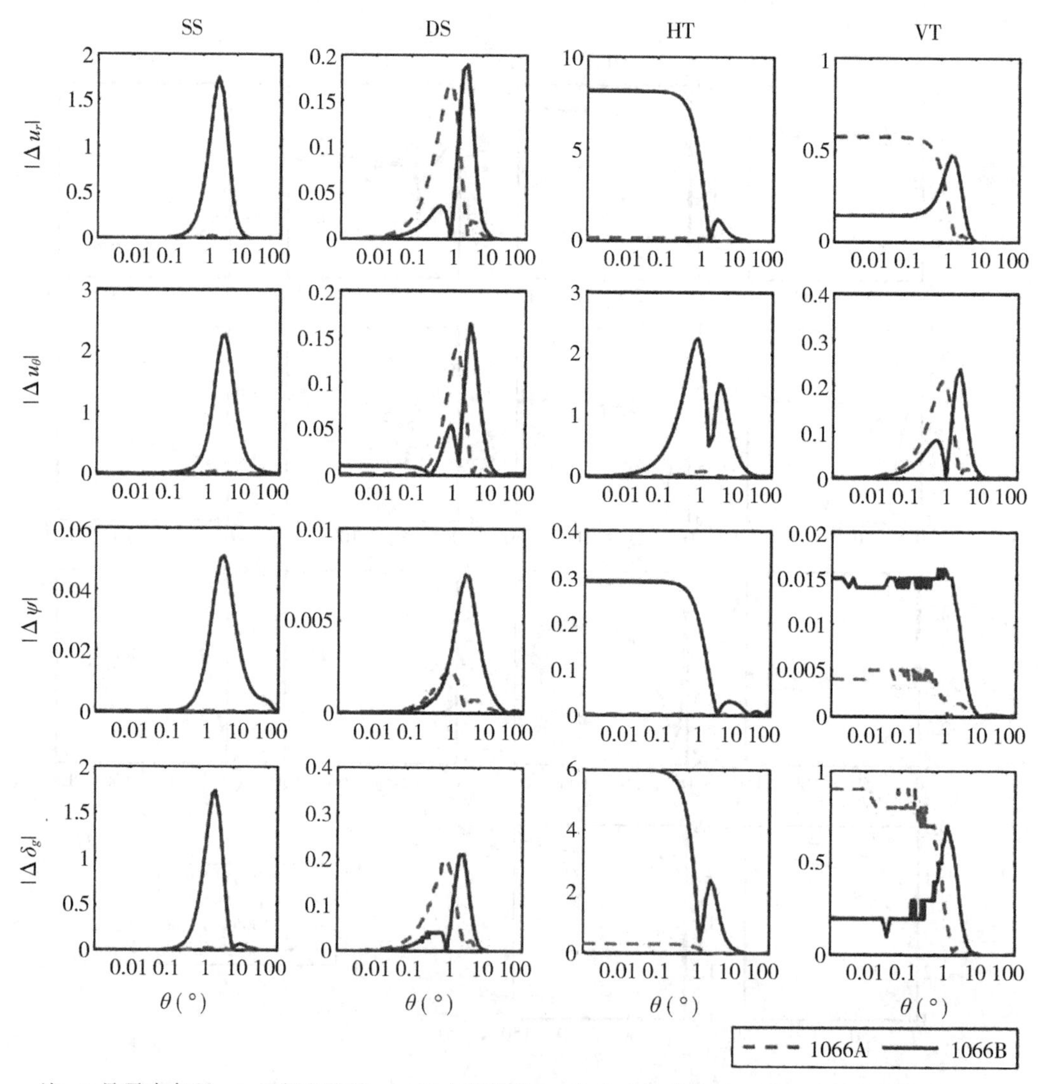

注：θ 是震中角距，u_r 是径向位移，u_θ 是水平位移，ψ 是重力位变化，δg 是地表的重力变化。

图 3.14　走滑(SS)、倾滑(DS)、水平引张(HT)和垂直引张(VT)点源在 419km 和 421km 处产生的格林函数绝对差值

1066A 模型的格林函数差几乎为 0，对于倾滑点源，在 0.02°< θ< 30°范围内的格林函数差不为 0，但它要比 1066B 模型的结果小很多。相反地，在 0°< θ< 0.1°范围内，垂直引张源在 1066A 模型的基础上产生的径向位移和重力变化差比 1066B 模型的 3 倍都要大。从格林函数的结果来看，不连续面的影响还是非常大的。

通常，一个有限断层可以被划分成多个子断层，当子断层足够小时，它们可以近似等于点震源(Beresnev and Atkinson, 1997, 1998)，通过对所有子断层的变形求和就得到整个断层的变形。也就是说，任意有限断层都可以通过 4 个独立点源的组合得到。1066A 和 1066B 模型的主要差异是在 11km、21km、420km 和 671km 处的间断面，我们需要分别研究一个深源地震(2013 年鄂霍次克海地震 M_W 8.3)和一个浅源地震(2011 年日本东北大地震 M_W 9.0)受不连续面的影响。

3.3.3　2013 年鄂霍次克海地震同震变形受到的影响

2013 年鄂霍次克海地震(M_W 8.3)发生在 5 月 24 日，震中位于(54.892°N，153.221°E)，震源深度有 598.1km，如图 3.15 所示，该地震的震中正好处于两个不连续面(420km 和 671km)的中间。虽然此次地震产生的危害比较小，但莫斯科部分地区以及美国西海岸还是有震感(USGS, 2013)。在现代地震记录史中，深源大地震是非常稀少的，但它可以用来研究不连续面的影响。我们基于 USGS 网站公布的有限滑动模型(USGS, 2015)，使用地震位错理论分别在 1066A 模型和 1066B 模型的基础上计算此次地震产生的同震位移和重力变化。

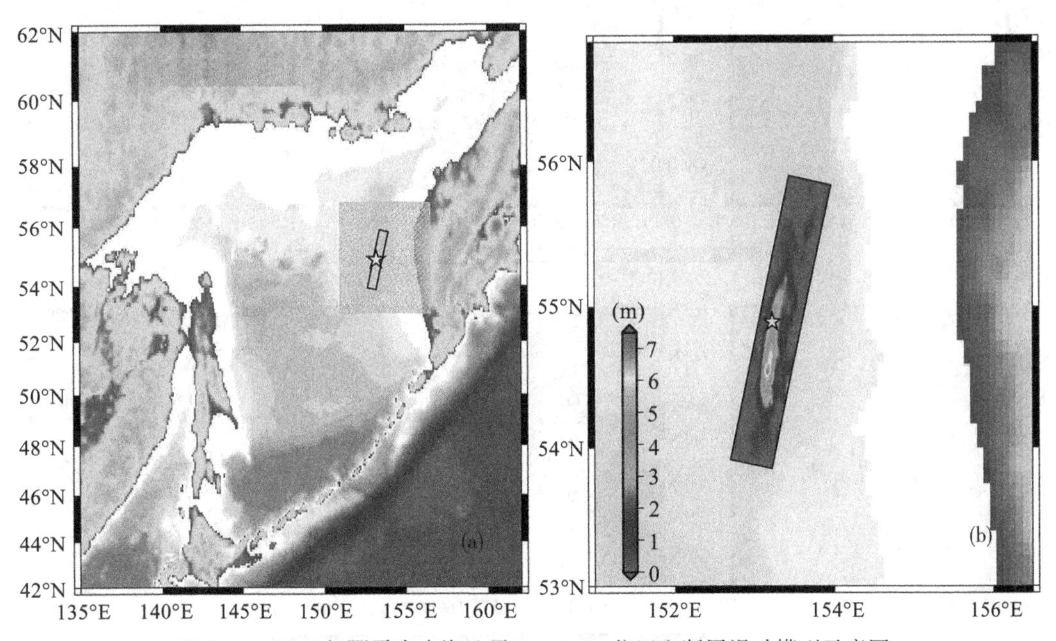

图 3.15　2013 年鄂霍次克海地震(M_W 8.3)位置和断层滑动模型示意图

图 3.16(a)(b)是该地震分别在 1066A 和 1066B 模型下产生的同震垂直位移，图 3.17(c)是两者的差，结果显示震源以东的部分位移为负，震源以西位移为正，虽然两种模型

结果整体变化趋势一致，但它们的最大、最小值是不一样的。1066A 模型结果显示，位移最大和最小值分别为 9.49mm 和 -16.4mm，1066B 模型对应的值分别为 9.72mm 和 -15.5mm，它们的差异(即不连续面的影响)主要出现在震源附近，最大达到 2.1mm。为了衡量不连续的影响，我们给出一个相对误差精度 ε，如式(3.2)，由于我们使用的是全球模型的位错理论，用该公式来衡量不连续面对同震变形的全球尺度影响最合适。同时，根据统计学原理，采用均方根 $\hat{\sigma}$ (RMS)进行定量分析，如式(3.2)。那么，不连续面对垂直位移产生的相对影响有 10.52%，RMS 值是 0.624mm。

$$\varepsilon = \sqrt{\frac{\sum_{i=1}^{n}(g_i - f_i)^2 \sin\theta_i \mathrm{d}\theta \mathrm{d}\lambda}{\sum_{i=1}^{n} g_i^2 \sin\theta_i \mathrm{d}\theta \mathrm{d}\lambda}} \quad (i = 1, 2, 3, \cdots) \tag{3.2}$$

$$\hat{\sigma} = \sqrt{\frac{\sum_{i=1}^{n}(g_i - f_i)^2}{n}} \tag{3.3}$$

其中，g_i，f_i分别是 1066A 和 1066B 模型下的计算结果，i 代表计算点，n 是总个数，θ，λ 分别为经度和余纬。

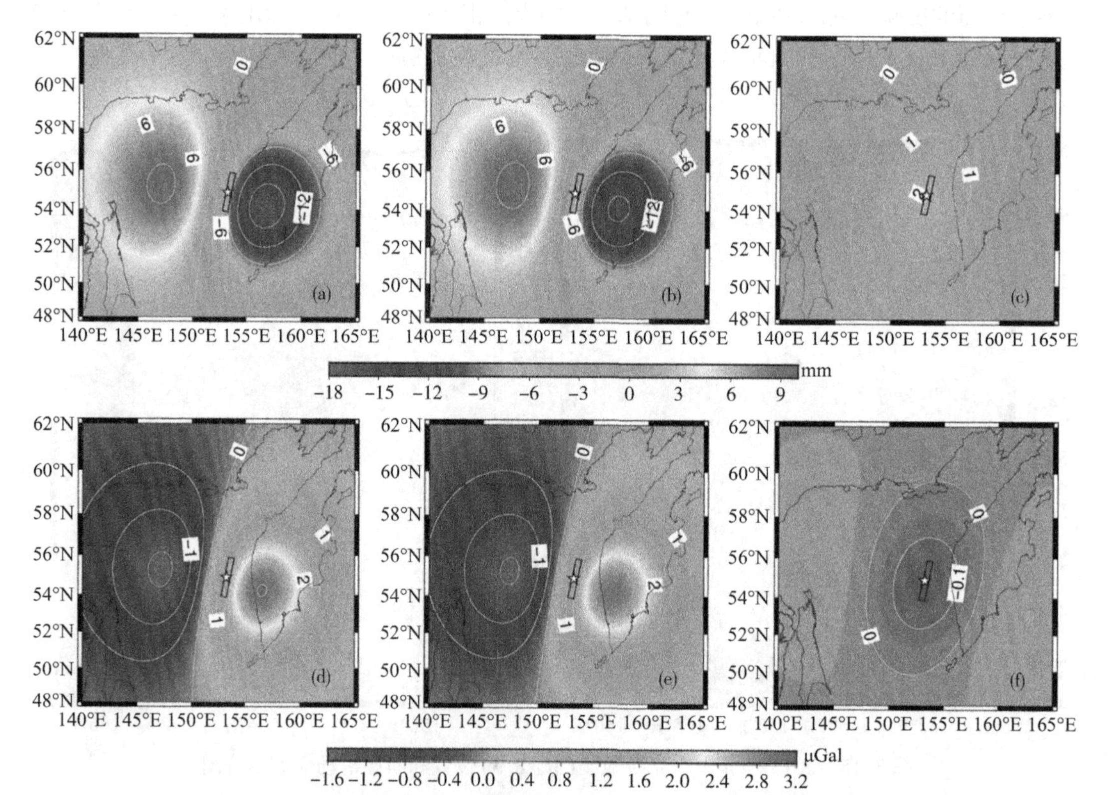

图 3.16　2013 年鄂霍次克海地震(M_W 8.3)分别在 1066A 模型(a)(d)和 1066B 模型(b)(e)下产生的同震垂直位移(第一行)和重力变化(第二行)示意图((c)(f)是两种模型的结果差)

基于两种模型的同震重力变化如图 3.17(d)(e)，图 3.16(f)是两者的差，地面重力在震源西部呈减少趋势，在震源东部呈增加趋势，1066A 和 1066B 模型对应的最大值分别为 3.01μGal 和 2.04μGal，最小值分别为-1.57μGal 和-1.54μGal，不连续面造成的差异也主要分布在震源附近，最大值有-0.17μGal。通过统计分析，不连续面对重力变化产生的影响有 6.19%，RMS 值是 0.063μGal。将位移和重力的计算结果列于表 3.3 中，大地水准面受不连续面的影响与垂直位移类似，两者模型的结果差能达到 0.072mm，相对误差有 9.07%，RMS 值是 0.029mm。

表 3.3　**2013 年鄂霍次克海地震(M_W 8.3)在不同地球模型下产生的同震变形**

	垂直位移（mm）		重力变化（μGal）	
	最大值	最小值	最大值	最小值
1066A	9.49	-16.4	3.01	-1.57
1066B	9.72	-15.5	2.04	-1.54
差异/ $\hat{\sigma}(\varepsilon)$	0.624（10.52%）		0.063（6.19%）	

为了讨论远场变形受不连续面的影响，我们分别基于 1066A 和 1066B 模型计算此次地震产生的远场水平位移和垂直位移，并将它们的结果与 GPS 观测(Shestakov et al., 2014)进行比较，如图 3.17 所示。对于“远场”，并没有统一、标准的定义，通常“远场”

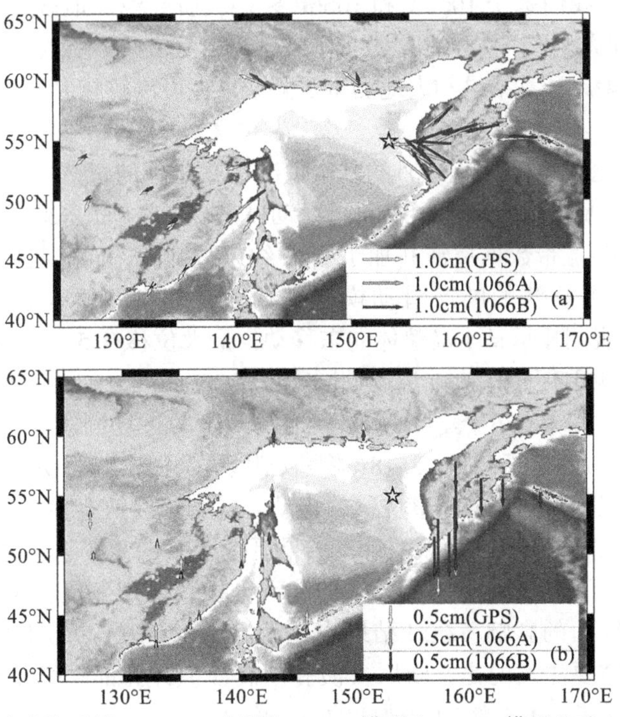

图 3.17　2013 年鄂霍次克海地震(M_W 8.3)分别在 1066A 模型和 1066B 模型基础上产生的同震水平位移和垂直位移示意图

的定义依赖于断层大小和地震震级，我们将距离震源有两倍断层长度的地区设为远场，当我们使用由 GSN 频带数据反演的有限断层模型计算同震变形时，它的结果不会与 GPS 观测完全一致，因为断层模型缺少 GPS 观测约束。在图 3. 17 中，两者模型的位移计算结果差异非常小，但与 GPS 观测差异较明显。

远场位移和 GPS 观测的均方根差列于表 3. 4 中，1066A 模型和 1066B 模型的差异体现了不连续面的影响，相对于理论模拟与 GPS 观测的误差，两种模型的差异非常小，相较于近场，在远场的变形中基本可以忽略不连续层的影响。

表 3. 4　**2013 年鄂霍次克海地震（M_W 8. 3）的远场同震位移理论计算值和 GPS 观测的均方根**

	水平位移（cm）		垂直位移（cm）
	N-S	E-W	up-down
1066A-GPS	0. 170	0. 252	0. 328
1066B-GPS	0. 178	0. 260	0. 339
1066A-1066B	0. 020	0. 037	0. 032

3. 3. 4　2011 年日本东北大地震同震变形受到的影响

大多数地震发生在浅源 100km 以内，精确地计算出点震源在这个深度范围内的格林函数是非常必要的。我们基于 1066A 和 1066B 模型，研究浅源地震——2011 年日本东北大地震 M_W 9. 0 的同震变形。大地测量数据 GPS 和 GRACE 可以探测到地震引起的同震变化，通过比较位错理论计算结果和大地测量观测结果，可以解释大地测量数据并估计不连续面的影响。

2011 年日本东北大地震（M_W 9. 0）的基本情况已在之前的章节中介绍过，此处不再赘述，本研究采用 ARIA 机构公布的有限断层滑动模型（Wei et al.，2011）来计算同震变形，该断层模型是由 GSN 宽带数据反演并加了 GPS 约束得到的，同时我们也采用 USGS 公布的、只采用 GSN 数据反演的断层滑动模型进行估计分析。日本地震发生以后，日本 GEONET 网的 GPS 观测显示日本岛整体向东移动，最大位移有 5. 3m，中国的地壳运动监测网 CMONOC 也探测到了中国大陆远场的同震位移（Wang M. et al.，2011）。

我们基于 1066A 和 1066B 模型计算此次地震产生的近场同震垂直位移和水平位移，并与 GPS 观测结果进行对比，如图 3. 18（彩图见附录）和图 3. 19 所示，三种结果的整体移动趋势基本一致，但水平位移和垂直位移的移动方向和绝对值存在一定差异，基于 ARIA 断层模型的计算结果要比 USGS 模型的计算结果更接近于 GPS 观测，这取决于它们在断层反演时采用了 GPS 数据约束。将三种结果的统计分析数据列于表 3. 5 中，两种模型的理论差值体现了不连续面的影响，统计结果也显示出基于 ARIA 断层模型的理论模拟值与 GPS 相差非常小，需要注意的是，断层反演和同震模拟计算都是很复杂的过程，它们使用的计算方法和地球模型都会影响到彼此的吻合度。

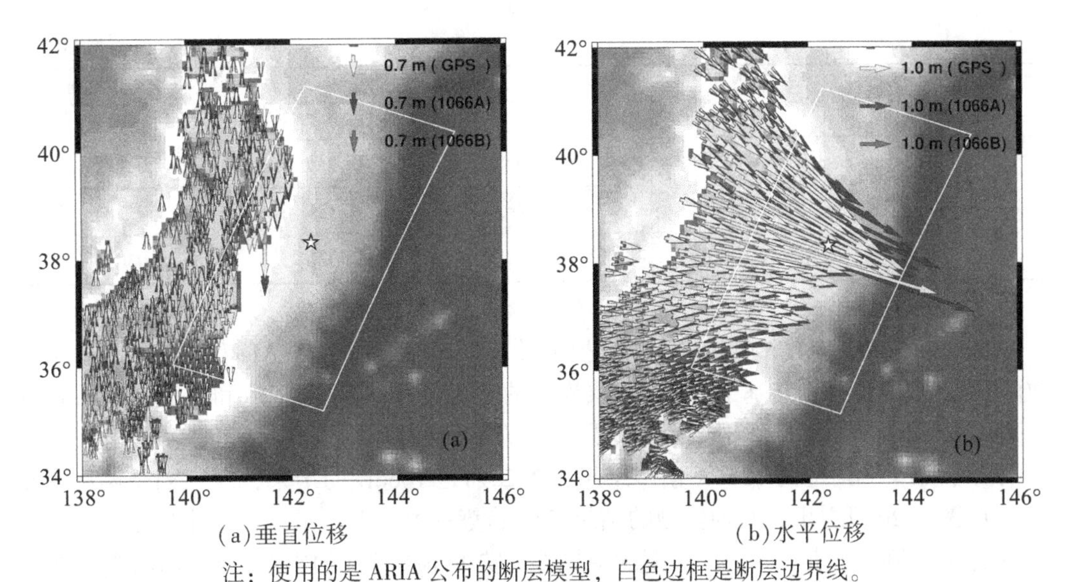

(a)垂直位移　　　　(b)水平位移

注：使用的是 ARIA 公布的断层模型，白色边框是断层边界线。

图 3.18　2011 年日本东北大地震(M_W 9.0)产生的同震垂直位移和水平位移示意图

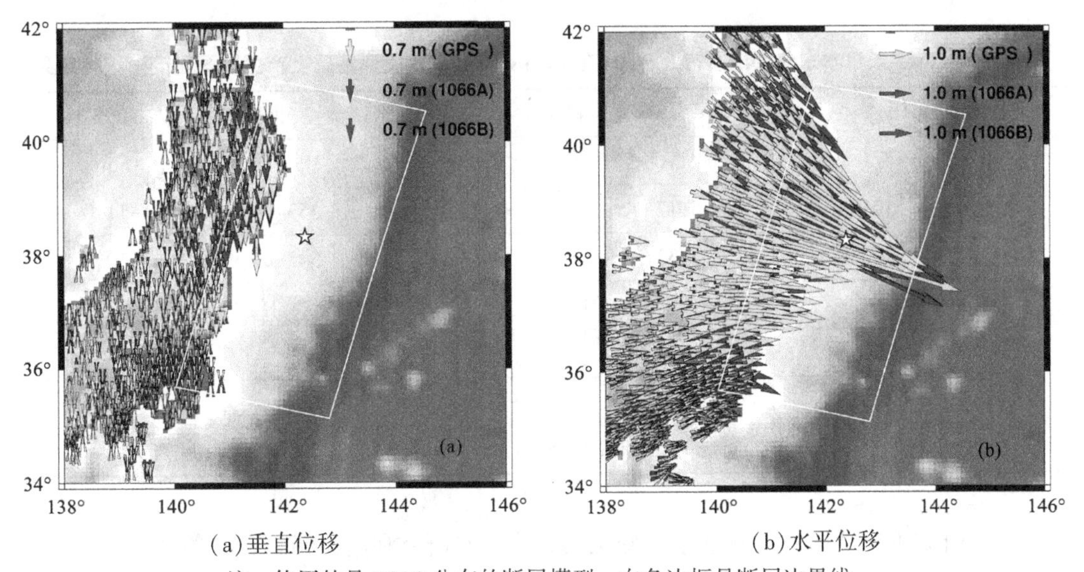

(a)垂直位移　　　　(b)水平位移

注：使用的是 USGS 公布的断层模型，白色边框是断层边界线。

图 3.19　2011 年日本东北大地震(M_W 9.0)产生的同震垂直位移和水平位移示意图

表 3.5　**2011 年日本东北大地震(M_W 9.0)的位移理论模拟结果和 GPS 结果均方根差**

断层模型		水平位移 (m)		垂直位移 (m)
		N-S	E-W	up-down
ARIA	1066A-GPS	0.062	0.187	0.063
	1066B-GPS	0.052	0.147	0.064
	1066A-1066B	0.030	0.093	0.025

续表

断层模型		水平位移（m）		垂直位移（m）
		N-S	E-W	up-down
USGS	1066A-GPS	0. 236	0. 339	0. 280
	1066B-GPS	0. 227	0. 325	0. 281
	1066A-1066B	0. 011	0. 026	0. 013

同时，我们使用 ARIA 和 USGS 断层模型计算了球面上的垂直位移和重力变化，如图 3. 20 所示，前两行分别是基于 ARIA 断层模型的垂直位移[(a)~(c)]和重力变化[(d)~(f)]结果，后两行分别是基于 USGS 断层模型的垂直位移[(g)~(i)]和重力变化[(j)~(l)]结果，第一列对应的 1066A 模型结果，第二列是 1066B 的结果，第三列是两种模型的差。由图 3. 20 可看出，两种模型的结果整体趋势一致，但是最大、最小值不一样，它们的统计结果值列于表 3. 6 中，模型的结果差反映了不连续面的影响，对 ARIA 断层模型的模拟结果来说，不连续面对垂直位移的影响最大，达到 12. 1%，对重力变化的影响有 11. 8%，对大地水准面的影响有 10. 4%。

表 3. 6　2011 年日本东北大地震(M_W 9. 0)在 1066A 和 1066B 模型基础上产生的同震变形统计结果

断层模型		垂直位移（m）		重力变化（μGal）	
		Max	Min	Max	Min
ARIA	1066A	5. 17	-3. 37	553	-1140
	1066B	5. 32	-3. 48	545	-1060
	Diffe/ $\hat{\sigma}(\varepsilon)$	0. 10（12. 1%）		18. 9（11. 8%）	
USGS	1066A	6. 01	-1. 73	267	-1400
	1066B	6. 60	-2. 14	323	-1470
	Diffe/ $\hat{\sigma}(\varepsilon)$	0. 08（11. 6%）		15. 0（10. 7%）	

为了研究不连续面对空间域重力变化的影响，本研究利用位错理论计算了空间点 1°×1°格网的重力变化并与 GRACE 观测到的空间重力变化作对比。

GRACE 数据提供了 60 阶的月重力场斯托克斯系数，它反映了质量的重新分布(Wahr et al., 1998; Tapley et al., 2004; Chen J., 2019)、GRACE 数据可以被用来研究水储量的变化(Wahr et al., 2004; Syed et al., 2008; Feng et al., 2018)、海平面变化(Chen J. et al., 2005; Ivins et al., 2013)、冰川融化(elicogna and Whar, 2006; Luthcke et al., 2008; Matsuo and Heki, 2010; Yi and Sun, 2014)、长周期重力变化(Xing L. et al., 2012; Liu L. et al., 2015)和断层模型反演(Wang L. et al., 2012; Zhou et al., 2018)等，这些数据也可以直接用来探测大地震的同震重力变化，比如 2004 年苏门答腊大地震 M_W 9. 3(Han et al., 2006)、2010 年智利地震 M_W 8. 8(Heki and Matsuo, 2010; Zhou X. et al., 2011)和 2011 年日本东北

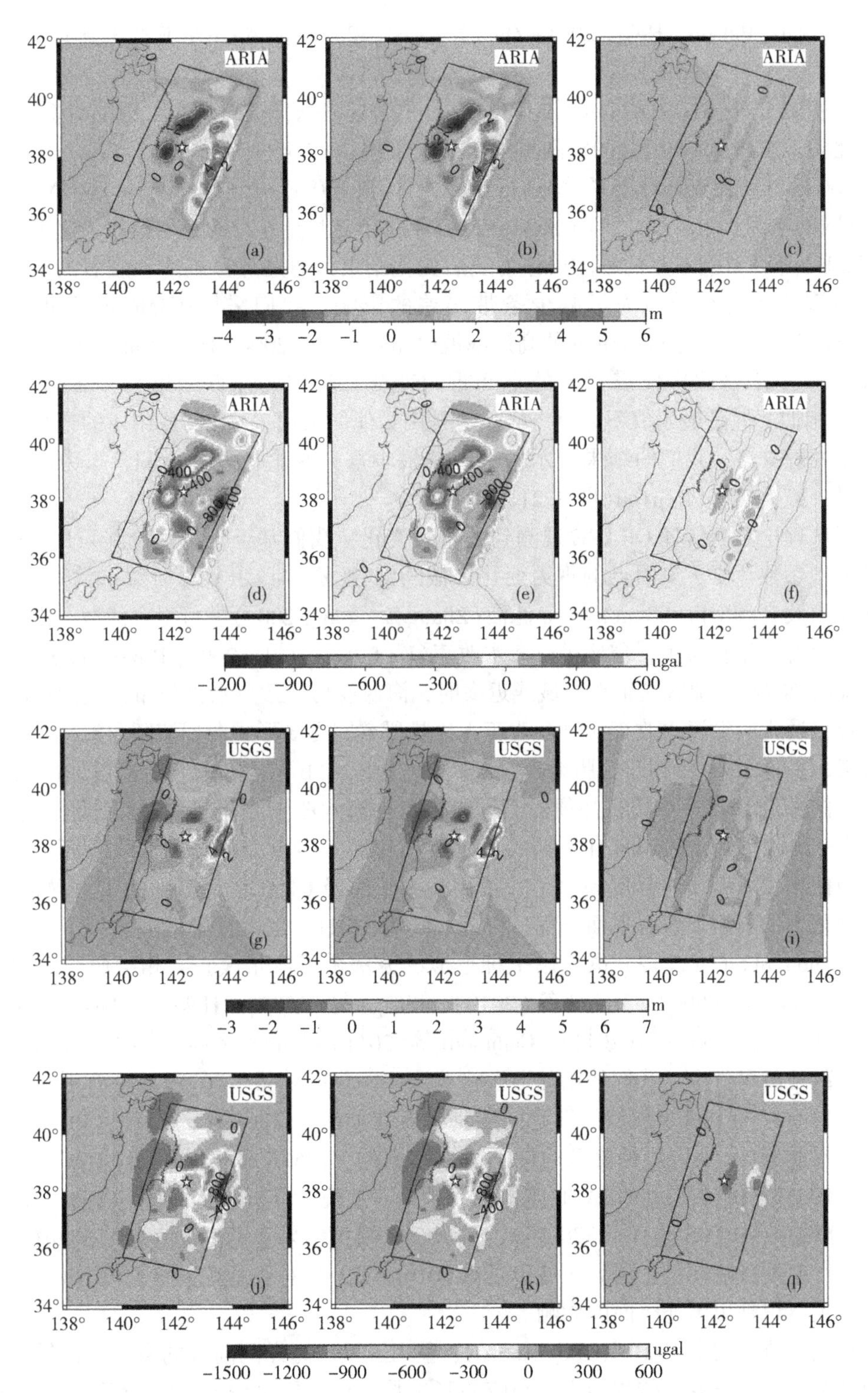

图 3.20　2011 年日本东北大地震(M_W 9.0)基于不同的断层模型分别在 1066A(第一列)和 1066B(第二列)地球模型基础上计算的地表同震垂直位移(第 1、3 行)和重力变化(第 2、4 行)

大地震 M_W 9. 0(Matsuo，Heki，2011；Zhou X. et al.，2012)都被 GRACE 监测到有明显的重力变化。

我们使用 CSR(RL05)的 Level 2 GRACE 月重力场数据(Save et al.，2016)计算 2011 年日本东北大地震 M_W 9. 0 引起的空间重力变化，采用 2003 年 1 月到 2011 年 5 月的月重力场数据(60 阶的斯托克斯球谐系数)进行研究，计算(130°E～155°E，25°N～50°N)范围内 1°×1°格网的空间点重力变化，将 2003—2010 年每年 3 月到 6 月的平均值作为震前重力变化，将 2011 年 3 月到 6 月的平均值作为震后变化结果，通过计算震前和震后的重力差值来得到同震的重力变化。为了减少条带误差的影响，我们采用 P3M6 的去相关滤波(Swenson，Wahr，2006)和 300km 的高斯滤波(Wahr et al.，2004；Han et al.，2005)进行组合滤波，图 3. 22 是此次地震引起的空间重力变化。我们的计算结果与 Matsuo 和 Heki (2011)的相似，但是最小值不完全一样，这是因为他们采用了 GRACE RL4 的产品以及不同的数据处理方法。我们的结果显示俯冲区的最小重力变化有-6. 2μGal，重力增大区发生在海洋，最大值有 2. 3μGal(图 3. 21(a))。

为了从理论方面解释 GRACE 观测到的重力变化，我们基于位错理论并采用 ARIA 断层滑动模型参数计算了空间点的重力变化并截断到 60 阶(与 GRACE 阶数一致)，同时应用去相关滤波 P3M6 和 300km 的 Fan 滤波(Zhang Z. et al.，2009)进行组合滤波。由于大多数的地壳上升发生在海里，需要进行海水改正(De Linage et al.，2009；Broerse et al.，2011；Sun，Zhou，2012)，地震发生在海域或近海时，海底变形导致海水再分布，从而伴随一个附加变形，通常叫做海水改正。这个改正无论是研究同震变形或者反演断层滑动分布都应该加以考虑。像 2004 年苏门答腊地震(M_W 9. 3)以及 2011 年日本东北大地震(M_W 9. 0)就是典型的俯冲带(海洋)地震，必须对其同震变形作海水改正才能与 GRACE 数据做比较。Broerse 等(2011) 在研究 2004 年苏门答腊地震时考虑了带重力的球模型并解算了海平面方程。他使用了可压缩的分层模型，并指出，为了解释 GRACE 观测到的重力异常信号，必须在含重力的模型下解海平面方程。Cambiotti 等(2011) 也在震中区域去掉了海水的重力影响。Zhou 和 Sun (2012) 也使用一种近似的方法做了海水改正。相关研究可以参见 Melini 和 Piersanti (2006)，Melini 等(2010)，Linage 等(2009)，Heki 和 Matsuo (2010)，Melini 等(2010)，Broerse 等(2011)，Cambiotti 等(2011)，Sun 和 Zhou (2012) 等的论文成果。在此次地震事件中，我们使用球谐布格改正(Yang J. et al.，2015)计算海水质量的影响。基于 1066A 和 1066B 模型的理论同震重力变化如图 3. 21(b)(c)所示，3. 21(d)(e)(f)(彩图见附录)分别为两种模型的理论模拟结果差、1066A 模拟结果和 GRACE 观测的结果差、1066B 模拟结果和 GRACE 观测的结果差。从统计分析角度来看，GRACE 观测和 1066A 模拟的结果 RMS 差有 1. 378μGal，对 1066B 模拟结果来说，该值是 1. 377μGal，由不连续面产生的影响在整个研究区域中是 0. 0016μGal，相对误差有 11%，但 GRACE 的分辨率并不足以识别出不连续面的影响。

现代大地测量技术 VLBI、GPS、InSAR、重力卫星、海洋测高等的发展，提供了全球范围内高精度的地震变形监测能力，相应的测量数据可以用来研究同震变形、震源机制、地球内部构造、断层反演、大地测量结果解释、确定震源参数等。而这些研究需要建立在一个合理的地球介质模型及其相应的地震位错理论之上。本章节的研究表明，带自重的球形层状模型的地震位错理论是合理的，提供了从事上述研究的可能性。本节的研究成果进一步改进和完善了球形地球模型的的位错理论，为今后的相关理论和应用研究提供了可靠的理论基础。

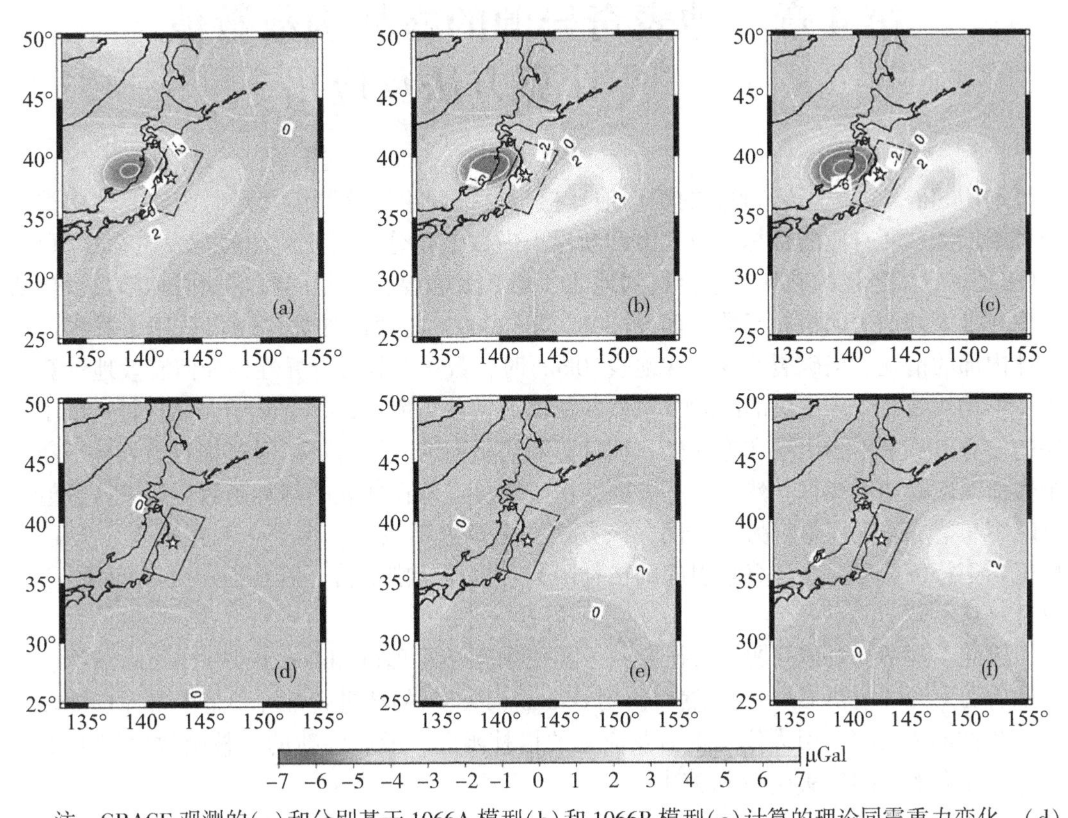

注：GRACE观测的(a)和分别基于1066A模型(b)和1066B模型(c)计算的理论同震重力变化，(d)是(b)和(c)的差值，(e)(f)分别是1066A和1066B的结果与GRACE观测的差值。

图3.21 GRACE观测的结果和分别基于1066A模型和1066B模型计算的理论同震重力变化示意图

第4章 地表奇异源的格林函数数值计算方法及应用

利用Sun W. K. 等(2009) 的球形地球模型位错理论计算同震变形时，需要使用整个震源断层深度所对应的格林函数在滑动断层上做数值积分。由于震源经常发生在浅源0~50km处，有限断层的破裂经常会达到地表，那么就需要整个断层深度的格林函数，包括震源在地表处产生的格林函数，而Sun W. 等(2009) 的理论计算代码仅适用于震源位于地球内部的情况。当破裂源发生在地表(0km)时，数学上具有奇异性，如何有效地计算同震变形仍然是一个未解决的问题，虽然断层面通常被离散成许多子断层，而且每一个子断层的中心点从来不会出现在地表处，在计算断层引起的变形时可以通过细致地划分子断层个数而完成需要的计算。然而，一方面，由于缺少点源在地表的格林函数作约束，数值计算时容易造成较大误差，另一方面，该方法在理论上不完整。由于点源在地表($r_s=a$)的情况属于特例，那么在计算它引起的格林函数时也需特别对待，其在震中处的变形($r_s=a$及$\theta\to 0$)。

因此，本章针对该问题进行研究，主要使用互换定理(Okubo，1993)推导出潮汐、压力和剪切力源的位错Love数，然后使用Okubo (1988) 的渐进解推导出地表奇异点源($r_s=a$)产生的同震位移、引力位、重力及应变的格林函数。最后将新的格林函数应用于2011日本东北大地震(M_W 9.0)的研究中。

4.1 同震变形的格林函数

根据Sun W. K. 等(2009)，本研究在坐标系统($\boldsymbol{e}_1$，$\boldsymbol{e}_2$，$\boldsymbol{e}_3$)下定义了在r_s处的滑动断层dS的滑动矢量$\boldsymbol{\nu}$，法矢量$\boldsymbol{n}$，滑动角λ，倾角δ；单位矢量$\boldsymbol{e}_1$与$\boldsymbol{e}_2$分别指向赤道面上经度$\varphi=0$与$\varphi=\pi/2$的方向，$\boldsymbol{e}_3$沿着极轴r的方向。两个断层边的相对滑动被定义为U。如果位错发生在球形地球上，那么激发的地表位移场$\boldsymbol{u}(a,\ \theta,\ \varphi)$（即径向、余纬向、经度向）以及引力位变化$\psi(a,\ \theta,\ \varphi)$可以表示为：

$$\boldsymbol{u}(a,\ \theta,\ \varphi)=\frac{1}{a^2}\sum_{n,\ m}\left[h_{nm}^{ij}(a)R_n^m(\theta,\ \varphi)+l_{nm}^{ij}(a)S_n^m(\theta,\ \varphi)+l_{nm}^{t,\ ij}(a)T_n^m(\theta,\ \varphi)\right] \tag{4.1}$$

$$\psi(a,\ \theta,\ \varphi)=\frac{g_0}{a^2}\sum_{n,\ m}k_{nm}^{ij}(a)Y_n^m(\theta,\ \varphi) \tag{4.2}$$

在这些方程中，$h_{nm}^{ij}(a)$，$l_{nm}^{ij}(a)$，$k_{nm}^{ij}(a)$，$l_{nm}^{t,\ ij}(a)$是位错Love数(Sun，Okubo 1993)，分别定义为：

$$h_{nm}^{ij}(a)=y_1^{s,\ ij}(a;\ n,\ m)\cdot a^2 \tag{4.3}$$

$$l_{nm}^{ij}(a)=y_3^{s,\ ij}(a;\ n,\ m)\cdot a^2 \tag{4.4}$$

$$k_{nm}^{ij}(a)=y_5^{s,\ ij}(a;\ n,\ m)\cdot a^2/g_0 \tag{4.5}$$

$$l_{nm}^{t,\ ij}(a)=y_1^{T,\ ij}(a;\ n,\ m)\cdot a^2 \tag{4.6}$$

其中，

$$\boldsymbol{R}_n^m(\theta,\ \varphi)=e_r Y_n^m(\theta,\ \varphi) \tag{4.7}$$

$$\boldsymbol{S}_n^m(\theta,\ \varphi)=\left(e_\theta\frac{\partial}{\partial\theta}+e_\varphi\frac{1}{\sin\theta}\frac{\partial}{\partial\varphi}\right)Y_n^m(\theta,\ \varphi) \tag{4.8}$$

$$\boldsymbol{T}_n^m(\theta,\ \varphi)=\left(e_\theta\frac{1}{\sin\theta}\frac{\partial}{\partial\varphi}-e_\varphi\frac{\partial}{\partial\theta}\right)Y_n^m(\theta,\ \varphi) \tag{4.9}$$

$$Y_n^m(\theta,\ \varphi)=P_n^m(\cos\theta)e^{im\varphi} \tag{4.10}$$

$$Y_n^{-|m|}(\theta,\ \varphi)=(-1)^m P_n^{|m|}(\cos\theta)e^{-i|m|\varphi} \tag{4.11}$$

在这些方程中，$P_n^m(\cos\theta)$ 代表缔合勒让德函数，a 是地球半径，g_0 是地球表面的重力，上标 s 代表了球型变形的解、t 代表环型变形的解。上标 i 与 j 分别代表了滑动矢量 $\boldsymbol{\nu}$ 与法矢量 $\boldsymbol{n}$ 的分量。$y_{k,\ m}^{n,\ ij}(a)$ 与 $y_{k,\ m}^{t,\ n,\ ij}(a)$ 是通过解平衡方程、应力应变关系方程以及泊松方程得到的，详见 Takecuchi 和 Saito (1972)以及 Sun 和 Okubo (1993)的研究成果，此处不再赘述。

Sun 和 Okubo (1993) 定义了四种独立点源：走滑位错($ij=12$)、倾滑位错($ij=32$)、水平引张位错($ij=22$)、垂直引张位错($ij=33$)。利用位错 Love 数便可计算这四种独立点源激发的同震变形(位移、位、大地水准面、重力与应变变化)格林函数。最后，利用格林函数可以计算任意震源引起的同震变形。

4.2 新的位错 Love 数与传统位错 Love 数的关系

计算地表(震源深度 $d_s\to 0$)点源的格林函数需要特殊处理。Okada (1976) 在半无限空间模型下解决了这个问题。而我们要解决的是在球形地球模型下的变形问题。Okubo (1993) 给出一组关于位错解、潮汐解、剪切解与负荷解的互换定理，发现 $r=r_s$ 处的位错源引起的地表($r=a$)变形可以用 $r=r_s$ 处的潮汐解、负荷解与剪切解很简单地表示出来。首先，根据此互换定理推导出新的位错 Love 数与传统位错 Love 数的关系。为方便起见，我们给出边界条件与潮汐、压力、剪切力源位错 Love 数以备使用，如表 4.1 所示，$(h_n,\ l_n,\ k_n)$ 代表传统的潮汐源 Love 数，$(h'_n,\ l'_n,\ k'_n)$ 是压力源 Love 数(注意：使用负荷源很普遍，但使用压力源在数学上更方便一些)，$(h''_n,\ l''_n,\ k''_n)$ 是剪切源 Love 数。

4.2.1 垂直走滑源

根据源函数的定义方法(Saito 1967)，垂直走滑震源定义为 $\boldsymbol{\nu}=\boldsymbol{e}_1$，$\boldsymbol{n}=-\boldsymbol{e}_2$，是一个右旋的滑动，即唯一非零项为 $\boldsymbol{\nu}_1=1$，$\boldsymbol{n}_2=-1$，$m=\pm 2$。当 $d_s\to 0$(即 $r_s\to a$)，根据互换定理(Okubo, 1993)，可以得到垂直走滑源产生的地表 y 值为：

$$y_1^s(a;\ n,\ \ \pm 2) = \mp i\frac{G\mu U\mathrm{d}S}{2a^2 g_0}x_3^{\mathrm{Press}}(a;\ n) \tag{4.12}$$

$$y_3^s(a;\ n,\ \ \pm 2) = \pm i\frac{G\mu U\mathrm{d}S}{2a^2 g_0}x_3^{\mathrm{Shear}}(a;\ n) \tag{4.13}$$

$$y_5^s(a;\ n,\ \ \pm 2) = \pm i\frac{G\mu U\mathrm{d}S}{2a^2}x_3^{\mathrm{Tide}}(a;\ n) \tag{4.14}$$

$$y_1^{\mathrm{T}}(a;\ n,\ \ \pm 2) = \frac{G\mu U\mathrm{d}S}{2a^2 g_0}x_1^{\mathrm{T}}(a;\ n) \tag{4.15}$$

表 4.1　**边界条件与传统的位错 Love 数**

	边界条件			Love 数			
	$y_2(a)$	$y_4(a)$	$y_6(a)$	$g_0y_1(a)$	$g_0y_3(a)$	$y_5(a)$	$g_0y_1^{\mathrm{T}}(a)$
潮汐	0	0	$\frac{2n+1}{a}$	h_n	l_n	$1+k_n$	l_n^t
压力	$-\frac{(2n+1)g_0}{4\pi Ga}$	0	0	h'_n	l'_n	k'_n	
剪切力	0	$\frac{(2n+1)g_0}{4\pi Gan(n+1)}$	0	h''_n	l''_n	k''_n	

根据位错 Love 数的定义以及表 4.1 中的结果，我们可以得到位错 Love 数与传统 Love 数的关系：

$$h_{n\pm 2}^{12}(a) = \mp i\frac{G\mu U\mathrm{d}S}{2g_0^2}l'_n \tag{4.16}$$

$$l_{n\pm 2}^{12}(a) = \pm i\frac{G\mu U\mathrm{d}S}{2g_0^2}l''_n \tag{4.17}$$

$$k_{n\pm 2}^{12}(a) = \pm i\frac{G\mu U\mathrm{d}S}{2g_0^2}l_n \tag{4.18}$$

$$l_{n\pm 2}^{t,\ 12}(a) = \frac{G\mu U\mathrm{d}S}{2g_0^2}l_n^t \tag{4.19}$$

其中，l_n^t 代表了环型解的 Love 数，对应于地表的环型位移 $x_1^{\mathrm{T}}(a;\ n)$ 并指定其在地表（ $r=a$ ）的边界条件为：

$$x_2^{\mathrm{T}}(a;\ n) = \frac{(2n+1)g_0}{4\pi Gan(n+1)} \tag{4.20}$$

公式(4.16)～式(4.19)显示垂直走滑源的位错 Love 数可以简单地由传统位错 Love 数乘以 $G\mu U\mathrm{d}S/2g_0^2$ 因子而得到，只是对应于不同的量而已：压力源 Love 数 l'_n 对应于 $h_{n,\ \pm 2}^{12}$；剪切力源 Love 数 l''_n 对应于 $l_{n,\ \pm 2}^{12}$；潮汐源 Love 数 l_n 对应于引力位 Love 数 $k_{n,\ \pm 2}^{12}$；环型解 Love 数 l_n^t 直接对应于环型位错 Love 数 $l_{n,\ \pm 2}^{t,\ 12}$。

4.2.2 垂直倾滑源

垂直倾滑震源定义为 $\boldsymbol{v}=\boldsymbol{e}_3$，$\boldsymbol{n}=-\boldsymbol{e}_2$，并且 $m=\pm1$，$r_s\to a$，y 值可以被写成：

$$y_1^s(a;\ n,\ \pm1)=-i\frac{GU\mathrm{d}S}{2ag_0}x_4^{\mathrm{Press}}(a;\ n) \tag{4.21}$$

$$y_3^s(a;\ n,\ \pm1)=i\frac{GU\mathrm{d}S}{2ag_0}x_4^{\mathrm{Shear}}(a;\ n) \tag{4.22}$$

$$y_5^s(a;\ n,\ \pm1)=i\frac{GU\mathrm{d}S}{2a}x_4^{\mathrm{Tide}}(a;\ n) \tag{4.23}$$

$$y_1^{\mathrm{T}}(a;\ n,\ \pm1)=\mp\frac{GU\mathrm{d}S}{2ag_0}x_2^{\mathrm{T}}(a;\ n) \tag{4.24}$$

根据表 4.1 中的边界条件以及公式(4.20)，可以得到垂直倾滑源在地表的 Love 数为：

$$h_{n\pm1}^{32}(a)=0 \tag{4.25}$$

$$l_{n\pm1}^{32}(a)=i\frac{U\mathrm{d}S}{8\pi}\frac{2n+1}{n(n+1)} \tag{4.26}$$

$$k_{n\pm1}^{32}(a)=0 \tag{4.27}$$

$$l_{n\pm1}^{t,\ 32}(a)=\mp\frac{U\mathrm{d}S}{8\pi}\frac{2n+1}{n(n+1)} \tag{4.28}$$

4.2.3 水平引张源

在垂直平面上的引张位错通常定义为 $\boldsymbol{v}=\boldsymbol{e}_2$，$\boldsymbol{n}=\boldsymbol{e}_2$。对于球型解部分需考虑 $m=0$ 以及 $|m|=2$，但是只有在 $|m|=2$ 时存在环型源函数。我们给定 $\sigma=\lambda+2\mu$，$K=\lambda+2\mu/3$，那么根据互换定理(Okubo，1993)，水平引张源的 y 值可以表示为：

$$y_1^s(a;\ n,\ 0)=-i\frac{GU\mathrm{d}S}{g_0\sigma a^2}(3\mu KX^{\mathrm{Press}}+\lambda a x_2^{\mathrm{Press}}(a;\ n)) \tag{4.29}$$

$$y_3^s(a;\ n,\ 0)=\frac{GU\mathrm{d}S}{g_0\sigma a^2}(3\mu KX^{\mathrm{Shear}}+\lambda a x_2^{\mathrm{Shear}}(a;\ n)) \tag{4.30}$$

$$y_5^s(a;\ n,\ 0)=\frac{GU\mathrm{d}S}{\sigma a^2}(3\mu KX^{\mathrm{Tide}}+\lambda a x_2^{\mathrm{Tide}}(a;\ n)) \tag{4.31}$$

$$y_1^{\mathrm{T}}(a;\ n,\ 0)=0 \tag{4.32}$$

其中，

$$\begin{aligned}X^{\mathrm{Press}}&=2x_1^{\mathrm{Press}}(a;\ n)-n(n+1)x_3^{\mathrm{Press}}(a;\ n)\\X^{\mathrm{Shear}}&=2x_1^{\mathrm{Shear}}(a;\ n)-n(n+1)x_3^{\mathrm{Shear}}(a;\ n)\\X^{\mathrm{Tide}}&=2x_1^{\mathrm{Tide}}(a;\ n)-n(n+1)x_3^{\mathrm{Tide}}(a;\ n)\end{aligned} \tag{4.33}$$

最后，根据表 4.1 中的边界条件，可以得到：

$$h_{n,\ 0}^{22}(a)=-\frac{3GU\mathrm{d}SK\mu}{g_0^2\sigma}(2h'_n-n(n+1)l'_n)+\frac{U\mathrm{d}S}{4\pi\sigma}(2n+1) \tag{4.34}$$

$$l_{n,0}^{22}(a)=\frac{3GUdSK\mu}{g_0^2\sigma}(2h_n''-n(n+1)l_n'') \tag{4.35}$$

$$k_{n,0}^{22}(a)=\frac{3GUdSK\mu}{g_0^2\sigma}(2h_n-n(n+1)l_n) \tag{4.36}$$

$$l_{n,0}^{t,22}(a)=0 \tag{4.37}$$

4.2.4　垂直引张源

发生在水平面上的垂直引张源没有环型位移，只需要考虑球型变形即可，并定义 $\boldsymbol{v}=\boldsymbol{n}=\boldsymbol{e}_3$，$m=0$，当 $r_s\to a$ 时，y 值可以被表示为：

$$y_1^s(a;\ n,\ 0)=-\frac{GUdS}{g_0a}x_2^{\mathrm{Press}}(a;\ n) \tag{4.38}$$

$$y_3^s(a;\ n,\ 0)=\frac{GUdS}{g_0a}x_2^{\mathrm{Shear}}(a;\ n) \tag{4.39}$$

$$y_5^s(a;\ n,\ 0)=\frac{GUdS}{a}x_2^{\mathrm{Tide}}(a;\ n) \tag{4.40}$$

$$y_1^{\mathrm{T}}(a;\ n,\ 0)=0 \tag{4.41}$$

同样使用表 4.1 中的边界条件，可以得到：

$$h_{n,0}^{33}(a)=\frac{UdS}{4\pi}(2n+1) \tag{4.42}$$

$$l_{n,0}^{33}(a)=0 \tag{4.43}$$

$$k_{n,0}^{33}(a)=0 \tag{4.44}$$

$$l_{n,0}^{t,33}(a)=0 \tag{4.45}$$

最终，可以得到四种独立位错源在地表产生的位错 Love 数，或者用传统 Love 数(潮汐力源、压力源、剪切力源的结果)表示，或者用边界条件表示，然后我们使用渐进解就可以给出格林函数的最终结果。

4.3　地表格林函数的数值解算

根据上述方法，可以得到四种独立的地表破裂源($d_s\to 0$)的位移格林函数，为

$$\hat{u}_r^{12}(a,\ \theta)=\frac{G\mu UdS}{g_0^2a^2}\sum_{n=2}^{\infty}l_n^t(a)P_n^2(\cos\theta) \tag{4.46}$$

$$\hat{u}_\theta^{12}(a,\ \theta)=-\frac{G\mu UdS}{g_0^2a^2}\sum_{n=2}^{\infty}\left[l_n''(a)\frac{\partial P_n^2(\cos\theta)}{\partial\theta}+2l_n^t(a)\frac{P_n^2(\cos\theta)}{\sin\theta}\right] \tag{4.47}$$

$$\hat{u}_\varphi^{12}(a,\ \theta)=-\frac{G\mu UdS}{g_0^2a^2}\sum_{n=2}^{\infty}\left[2l_n''(a)\frac{P_n^2(\cos\theta)}{\sin\theta}+l_n^t(a)\frac{\partial P_n^2(\cos\theta)}{\partial\varphi}\right] \tag{4.48}$$

$$\hat{u}_r^{32}(a,\ \theta)=0 \tag{4.49}$$

$$\hat{u}_\theta^{32}(a,\ \theta) = -\frac{UdS}{4\pi a^2}\sum_{n=1}^{\infty}\frac{2n+1}{n(n+1)}\left[\frac{\partial P_n^1(\cos\theta)}{\partial\theta} + \frac{P_n^1(\cos\theta)}{\sin\theta}\right] \tag{4.50}$$

$$\hat{u}_\varphi^{32}(a,\ \theta) = 0 \tag{4.51}$$

$$\begin{aligned}\hat{u}_r^{22,\ 0}(a,\ \theta) = &-\frac{3GUdSK\mu}{g_0^2a^2\sigma}\sum_{n=0}^{\infty}(2h'_n - n(n+1)l'_n)P_n(\cos\theta)\\ &+\frac{UdS\lambda}{4\pi a^2\sigma}\sum_{n=0}^{\infty}(2n+1)P_n(\cos\theta)\end{aligned} \tag{4.52}$$

$$\hat{u}_\theta^{22,\ 0}(a,\ \theta) = \frac{3GUdSK\mu}{g_0^2a^2\sigma}\sum_{n=0}^{\infty}(2h''_n - n(n+1)l''_n)\frac{\partial P_n(\cos\theta)}{\partial\theta} \tag{4.53}$$

$$\hat{u}_\varphi^{22,\ 0}(a,\ \theta) = 0 \tag{4.54}$$

$$\hat{u}_r^{33}(a,\ \theta) = \frac{UdS}{4\pi a^2}\sum_{n=0}^{\infty}(2n+1)P_n(\cos\theta) \tag{4.55}$$

$$\hat{u}_\theta^{33}(a,\ \theta) = 0 \tag{4.56}$$

$$\hat{u}_\varphi^{33}(a,\ \theta) = 0 \tag{4.57}$$

公式(4.46)~(4.47)表明，地表源产生的位移场可以直接利用潮汐、压力与剪切Love数来计算。Sun和Okubo（1993，2002）表明，均质模型与分层模型的浅源地震(几公里的深度)均可以产生几乎相同的同震变形，所以可以采用均质模型的格林函数来简化表达式。为此，使用渐进解理论(Okubo，1988)来表示传统位错Love数：

$$\begin{cases}h_n = \dfrac{1}{n}\dfrac{ag_0}{2\beta^2} + O(n^{-2})\\ l_n = 0 + O(n^{-3})\\ k_n = \dfrac{1}{n^2}\dfrac{3\gamma a^2}{4\beta^2} + O(n^{-3})\end{cases}\quad \begin{cases}h'_n = -\dfrac{ag_0}{3N\beta^2} + O(n^{-1})\\ l'_n = \dfrac{1}{n}\dfrac{ag_0M}{3\beta^2} + O(n^{-2})\\ k'_n = -\dfrac{1}{n}\dfrac{g_0a}{2\beta^2} + O(n^{-2})\end{cases}\quad \begin{cases}h''_n = -\dfrac{1}{n}\dfrac{ag_0M}{3\beta^2} + O(n^{-2})\\ l''_n = \dfrac{1}{n^2}\dfrac{ag_0}{3N\beta^2} + O(n^{-3})\\ k''_n = 0 + O(n^{-3})\end{cases}$$

$$l_n^t = \frac{1}{n(n+1)}\frac{g_0^2}{4\pi G\mu} + O(n^{-4}) \tag{4.58}$$

其中，

$$\sigma = \lambda + 2\mu;\ K = \lambda + 2\mu/3;\ M = \beta^2/(\alpha^2 - \beta^2);\ N = 1 - \beta^2/\alpha^2$$

利用这些渐进位错Love数代入公式（4.46）~（4.57），以及勒让德求和函数（Sun W. K.，2004a），去掉繁冗的数学推导，给出最后的地表破裂源产生的位移格林函数：

$$\hat{u}_r^{12}(a,\ \theta) = \frac{G\mu UdSM}{3g_0a\beta^2}\left[1 - \frac{1}{2w} + \frac{2c}{s^2}\left(c + \frac{w}{2}\right)\right] \tag{4.59}$$

$$\begin{aligned}\hat{u}_\theta^{12}(a,\ \theta) = &-\frac{G\mu UdS}{6g_0a\beta^2N}\left\{2scp - s^3\left[\frac{3}{w^5} + \left[xu + \left(2v + \frac{c}{w^3}\right)v\right]\frac{1}{u^2} + \left[\left(v + \frac{2c}{w^3}\right)u + 2cv^2\right]\cdot\frac{v}{u^3}\right]\right.\\ &\left.+\frac{2(1+c^2)}{s^3} + \frac{1}{sw}q\right\} - \frac{UdS}{2\pi a^2}\left[1 - \frac{1}{w} - \frac{2c}{s^2}(1 - c - w)\right]\end{aligned} \tag{4.60}$$

$$\hat{u}_{\varphi}^{12}(a,\ \theta) = -\frac{G\mu U\mathrm{d}S}{3g_0 a\beta^2 N}\left\{sp - \left[\frac{2c}{s^3} + \frac{1}{s^3 w}\left(\frac{w^4}{4} - \frac{s^2}{2}\right)\right]\right\} - \frac{U\mathrm{d}S}{4\pi a^2}\left[\frac{s}{w^3} + \frac{2(2-s^2)}{s^3}(1-c-w) - \frac{2c}{s}\left(1-\frac{1}{w}\right)\right] \tag{4.61}$$

$$\hat{u}_r^{32}(a,\ \theta) = 0 \tag{4.62}$$

$$\hat{u}_{\theta}^{32}(a,\ \theta) = -\frac{U\mathrm{d}S}{4\pi a^2}\left\{\frac{2}{u^2}\left[(cv+s^2)u - \frac{s^2 v}{w}\left(\frac{3w}{2}+2\right)\right] - \left[\left(\frac{1}{w}-1\right) - \frac{c}{s^2}(c-1+w)\right]\right\} - \frac{U\mathrm{d}S}{4\pi a^2}\left\{2\,\frac{v}{u} - \frac{1}{s^2}(c-1+w)\right\} \tag{4.63}$$

$$\hat{u}_{\varphi}^{32}(a,\ \theta) = 0$$

$$\hat{u}_r^{22,\ 0}(a,\ \theta) = \frac{GU\mathrm{d}SK\mu}{g_0 a\sigma\beta^2 w}\left(\frac{2}{N} + \frac{M}{2}\right) \tag{4.64}$$

$$\hat{u}_{\theta}^{22,\ 0}(a,\ \theta) = \frac{GU\mathrm{d}SK\mu}{g_0 a\sigma\beta^2}\left[\frac{s(1+w)}{wu}\left(2M + \frac{1}{N}\right) + \frac{s}{Nw^3}\right] \tag{4.65}$$

$$\hat{u}_{\varphi}^{22,\ 0}(a,\ \theta) = 0 \tag{4.66}$$

$$\hat{u}_r^{33}(a,\ \theta) = \frac{U\mathrm{d}S}{4\pi a^2}\left(\frac{2}{w^3}(c-1) + \frac{1}{w}\right) = 0 \tag{4.67}$$

$$\hat{u}_{\theta}^{33}(a,\ \theta) = 0 \tag{4.68}$$

$$\hat{u}_{\varphi}^{33}(a,\ \theta) = 0 \tag{4.69}$$

其中，

$$\begin{cases} s = \sin\theta,\ c = \cos\theta,\ w = 2\sin\theta/2, \\ u = 1 + w - c,\ v = 1 + w^{-1}, \\ x = \dfrac{2}{w^3} + \dfrac{3c}{w^5},\ y = 1 + \dfrac{1}{w} + \dfrac{c}{w^3}, \\ p = \dfrac{1}{w^3} + \dfrac{2v + w^{-3}c}{u} + \dfrac{cv^2}{u^2}, \\ q = \dfrac{cw^4}{2s^2} - c - w^2 + \dfrac{s^2}{2w^2} \end{cases} \tag{4.70}$$

引力位格林函数：

$$\hat{\psi}^{12}(a,\ \theta) = -2\sum_{n=2}^{\infty} y_{5,\ 2}^{n,\ 12}(a)P_n^2(\cos\theta) = -\frac{G\mu U\mathrm{d}S}{a^2 g_0}\sum_{n=2}^{\infty} l_n P_n^2(\cos\theta) = 0 \tag{4.71}$$

$$\hat{\psi}^{32}(a,\ \theta) = -2\sum_{n=1}^{\infty} y_{5,\ 1}^{n,\ 32}(a)P_n^1(\cos\theta) = -\frac{GU\mathrm{d}S}{a}\sum_{n=1}^{\infty} x_4^{Tide} P_n^1(\cos\theta) = 0 \tag{4.72}$$

$$\hat{\psi}^{22,\ 0}(a,\ \theta) = \sum_{n=0}^{\infty} y_{5,\ 0}^{n,\ 22}(a)P_n(\cos\theta) = \frac{3GU\mathrm{d}SK\mu}{a\beta^2\sigma}(\ln 2 - \ln u) \tag{4.73}$$

$$\hat{\psi}^{33}(a,\ \theta) = \sum_{n=0}^{\infty} y_{5,\ 0}^{n,\ 33}(a)P_n(\cos\theta) = \frac{GU\mathrm{d}S}{a}\sum_{n=0}^{\infty} x_2^{Tide} P_n(\cos\theta) = 0 \tag{4.74}$$

空间固定点的重力变化：

$$\Delta\hat{g}^{12}(a,\ \theta)=-\frac{2}{a}\sum_{n=2}^{\infty}(n+1)y_{5,\ 2}^{n,\ 12}(a)P_n^2(\cos\theta)=-\frac{G\mu UdS}{a^3g_0}\sum_{n=2}^{\infty}(n+1)l_nP_n^2(\cos\theta)=0 \tag{4.75}$$

$$\Delta\hat{g}^{32}(a,\ \theta)=-\frac{2}{a}\sum_{n=1}^{\infty}(n+1)y_{5,\ 1}^{n,\ 32}(a)P_n^1(\cos\theta)=-\frac{GUdS}{a^2}\sum_{n=1}^{\infty}(n+1)x_4^{\mathrm{Tide}}P_n^1(\cos\theta)=0 \tag{4.76}$$

$$\begin{aligned}\Delta\hat{g}^{22,\ 0}(a,\ \theta)&=\frac{1}{a}\sum_{n=0}^{\infty}y_{5,\ 0}^{n,\ 22}(a)P_n(\cos\theta)\\&=\frac{3GUdSK\mu}{a^3g_0\sigma}\sum_{n=0}^{\infty}(n+1)[2h_n-n(n+1)l_n]P_n(\cos\theta)\\&=\frac{3GUdSK\mu}{a^2\beta^2\sigma}\left(\frac{1}{w}+\ln2-\ln u\right)\end{aligned} \tag{4.77}$$

$$\Delta\hat{g}^{33}(a,\ \theta)=\frac{1}{a}\sum_{n=0}^{\infty}(n+1)y_{5,\ 0}^{n,\ 33}(a)P_n(\cos\theta)=\frac{GUdS}{a^2}\sum_{n=0}^{\infty}(n+1)x_2^{\mathrm{Tide}}P_n(\cos\theta)=0 \tag{4.78}$$

地球表面上的重力变化：

$$\delta\hat{g}^{12}(a,\ \theta)=-\beta\hat{u}_r^{12}(a,\ \theta) \tag{4.79}$$

$$\delta\hat{g}^{32}(a,\ \theta)=0 \tag{4.80}$$

$$\delta\hat{g}^{22,\ 0}(a,\ \theta)=\Delta\hat{g}^{22,\ 0}(a,\ \theta)-\beta\hat{u}_r^{22.\ 0}(a,\ \theta) \tag{4.81}$$

$$\delta\hat{g}^{33}(a,\ \theta)=0 \tag{4.82}$$

相应的应变格林函数结果可参考 Sun 和 Dong (2013)。

4.4 震中处的同震变形

上一节解决了地表破裂源的格林函数计算问题，然而，当 $\theta\to0$ 时，震中处是个奇异点，该点的同震变形计算需要特殊处理。在此情况下，需要一些球函数的极限值，即

$$\lim_{\theta\to0}P_n^m(\theta)=\delta_{0m} \tag{4.83}$$

$$\lim_{\theta\to0}\frac{\partial P_n^m(\theta)}{\partial\theta}=\frac{n(n+1)}{2}\delta_{1m} \tag{4.84}$$

$$\lim_{\theta\to0}\frac{\partial^2P_n^m(\theta)}{\partial\theta^2}=-\frac{n(n+1)}{2}\delta_{0m}+\frac{(n-1)n(n+1)(n+2)}{4}\delta_{2m} \tag{4.85}$$

根据公式(4.46)~式(4.57)，可得 $\theta\to0$ 处的位移值为：

$$\begin{cases}\hat{u}_r^{12}(a,\ 0)=0\\\hat{u}_\theta^{12}(a,\ 0)=0\\\hat{u}_\varphi^{12}(a,\ 0)=0\end{cases} \tag{4.86}$$

$$\begin{aligned} \hat{u}_r^{32}(a,\ 0) &= 0 \\ \hat{u}_\theta^{32}(a,\ 0) &= 0 \\ \hat{u}_\varphi^{32}(a,\ 0) &= 0 \end{aligned} \tag{4.87}$$

$$\begin{cases} \hat{u}_r^{22}(a,\ 0) = \lim\limits_{\theta\to 0}\hat{u}_r^{22,\ 0}(a,\ \theta) = \sum\limits_{n=0}^{\infty} h_{n0}^{22} \\ \hat{u}_\theta^{22}(a,\ 0) = 0 \\ \hat{u}_\varphi^{22}(a,\ 0) = 0 \end{cases} \tag{4.88}$$

$$\begin{cases} \hat{u}_r^{33}(a,\ 0) = 0 \\ \hat{u}_\theta^{33}(a,\ 0) = 0 \\ \hat{u}_\varphi^{33}(a,\ 0) = 0 \end{cases} \tag{4.89}$$

引力位值：

$$\hat{\psi}^{12}(a,\ 0) = 0 \tag{4.90}$$

$$\hat{\psi}^{32}(a,\ 0) = 0 \tag{4.91}$$

$$\hat{\psi}^{22,\ 0}(a,\ 0) = \lim_{\theta\to 0}\hat{\psi}^{22,\ 0}(a,\ \theta) = \frac{6GU\mathrm{d}SK\mu}{a^2 g_0 \sigma}\sum_{n=0}^{\infty} h_n \tag{4.92}$$

$$\hat{\psi}^{33}(a,\ 0) = 0 \tag{4.93}$$

空间固定点的重力变化值：

$$\Delta\hat{g}^{12}(a,\ 0) = 0 \tag{4.94}$$

$$\Delta\hat{g}^{32}(a,\ 0) = 0 \tag{4.95}$$

$$\Delta\hat{g}^{22,\ 0}(a,\ 0) = \lim_{\theta\to 0}\Delta\hat{g}^{22,\ 0}(a,\ \theta) = \frac{6GU\mathrm{d}SK\mu}{a^3 g_0 \sigma}\sum_{n=0}^{\infty}(n+1)h_n \tag{4.96}$$

$$\Delta\hat{g}^{33}(a,\ 0) = 0 \tag{4.97}$$

地球表面的重力变化值：

$$\delta\hat{g}^{12}(a,\ 0) = \delta\hat{g}^{32}(a,\ 0) = \delta\hat{g}^{33}(a,\ 0) = 0 \tag{4.98}$$

$$\delta\hat{g}^{22,\ 0}(a,\ 0) = \delta\hat{g}^{22,\ 0}(a,\ 0) - \beta\hat{u}_r^{22,\ 0}(a,\ 0) \tag{4.99}$$

4.5　地表格林函数的实例应用

为了验证前一节导出的地表破裂源格林函数的正确性，本节以 2011 年日本东北大地震(M_W9.0)为例，计算其同震变形。我们分析了 Hayes (2011)、Shao 等(2011) 和 Wei 等(2011) 的断层滑动分布模型，这些模型由地震波数据、GPS 数据或者联合反演得到的，三个模型的震级基本相同，但是滑动分布却不同。为了解释大地测量数据，Zhou X. 等(2012)及 Sun 和 Zhou (2012) 使用这三种滑动模型分别计算了日本地震引起的同震位移、重力与大地水准面变化。结果显示在球模型下，使用 Shao 等(2011) 的模型计算的同震位移与 GPS 观察数据更吻合。

在计算有限断层产生的同震变形时，是把有限断层划分成许多足够小的子断层(Fu, Sun, 2004)，并把每个子断层当作点源，分别计算各子断层的同震变形并对其求和，这样就可以计算出整个有限断层的同震变形。在实际计算中，有些子断层会划分到奇异点的震源深度(包括地表源 0km)。然而，在以前的工作中，如 Zhou X. 等(2012)，Sun 和 Zhou (2012)，由于缺少地表破裂源的格林函数，他们使用 1km 的格林函数代替 0km 的格林函数。虽然这种处理方法不会太影响整个计算的精度，但至少在理论上是不完善的。

所以，在下面的计算中，地表处采用上述的新格林函数，而不是用 1km 处的格林函数代替。使用 USGS 网站公布的有限断层滑动模型，并设计两种方案：一是按仍用 1km 的格林函数代替 0km 的格林函数；二是直接用新的地表破裂源（0km）格林函数作计算。分别计算地震产生的同震垂直位移、水平位移、大地水准面以及重力变化，结果如图 4.1~图 4.4 所示(彩图 4.1 见附录)。

图 4.1 是本次地震引起的同震垂直位移变化，图 4.1(a)是使用了新的 0km 格林函数解析解计算的结果，图 4.1(b)是使用原先的处理方法，即采用 1km 格林函数代替 0km 格林函数而计算的结果，由图 4.1 可看出，两种方案的结果几乎一模一样，差异不到 0.1%。而图 4.2 显示的网格点水平位移计算结果、图 4.3 的大地水准面计算结果和图 4.4 的同震重力变化计算结果都呈现出相同的结论。由此可以得出，浅源(无论是 1km 深还是 0km 深)格林函数对同震变形的影响十分小，尤其是大地震。比较结果也显示了以前的处理方法[Zhou X. et al.（2012)，Sun，Zhou（2012)]在精度上是可信的，同时也验证了新方法的正确性。

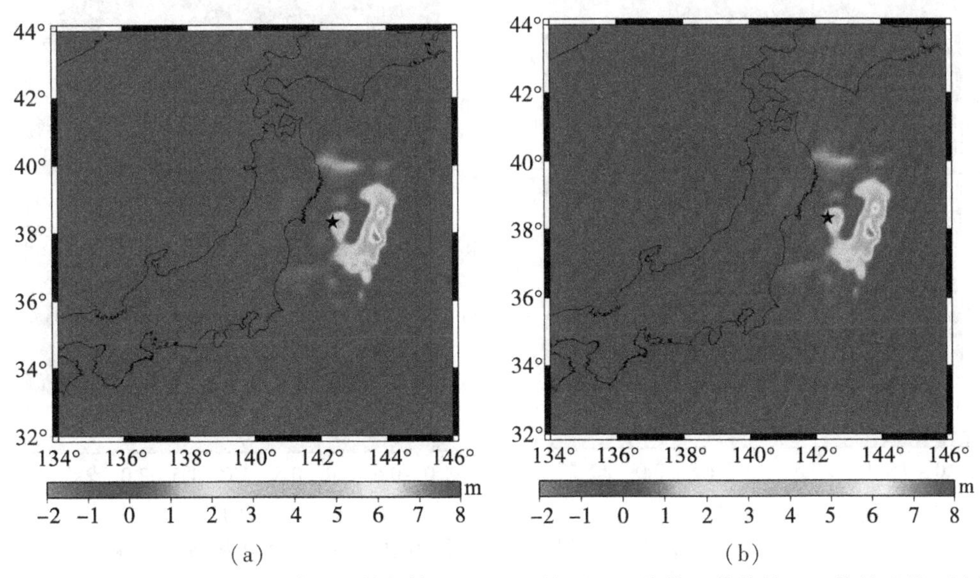

注：(a)是使用了新的 0km 格林函数的结果；(b)是使用 1km 格林函数代替 0km 格林函数而计算的结果；单位是 m。

图 4.1　2011 年日本东北大地震(M_W9.0)引起的同震垂直位移变化示意图

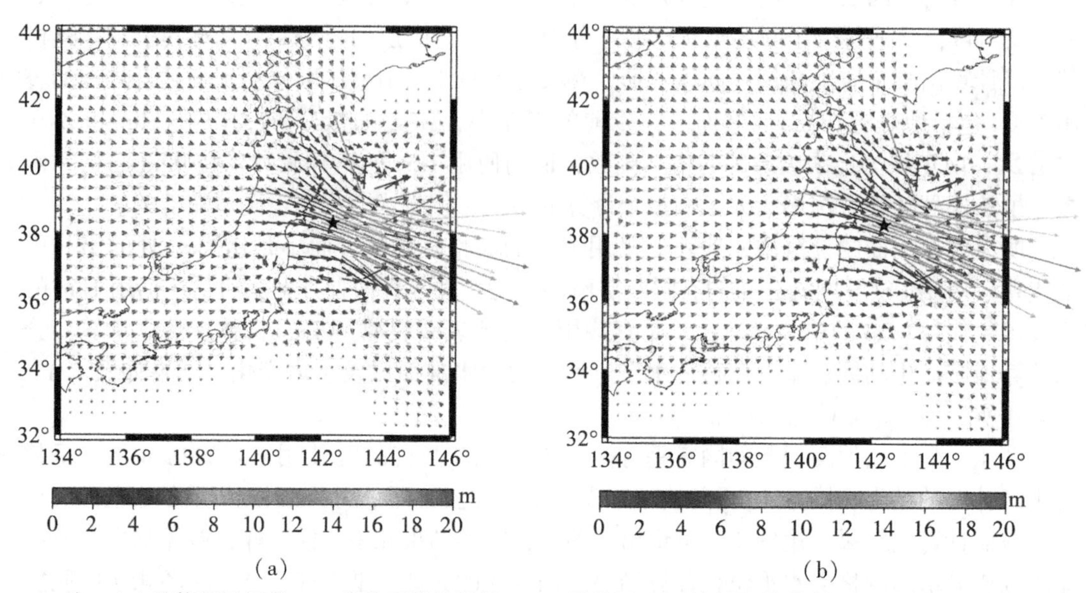

注：(a)是使用了新的 0km 格林函数的结果；(b)是使用 1km 格林函数代替 0km 格林函数而计算的结果；单位是 m。

图 4.2　2011 年日本东北大地震(M_W9.0)引起的网格点水平位移变化示意图

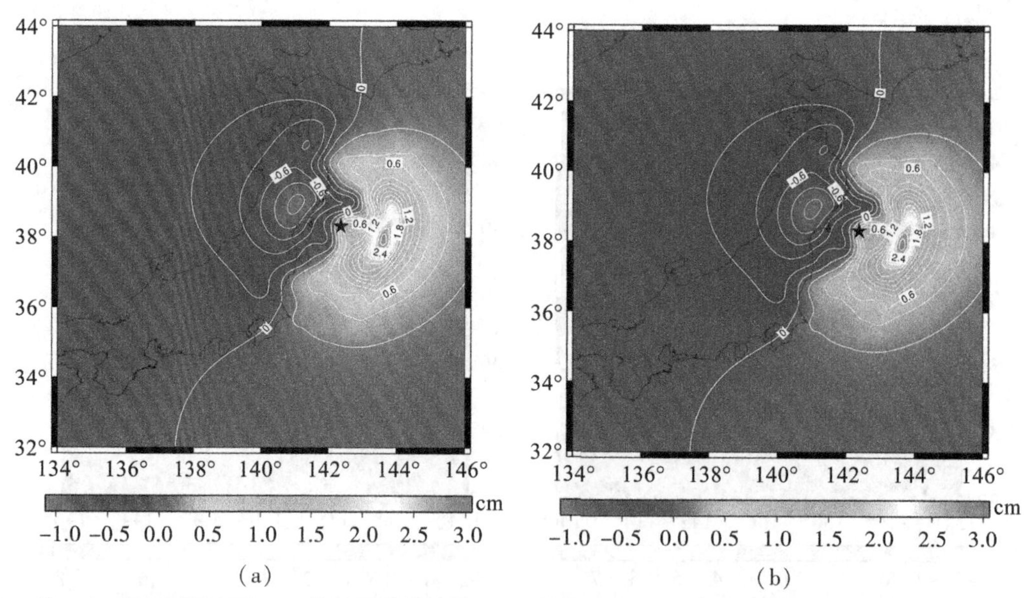

注：(a)是使用了新的 0km 格林函数的结果；(b)是使用 1km 格林函数代替 0km 格林函数而计算的结果；单位是 cm。

图 4.3　2011 年日本东北大地震(M_W9.0)引起的大地水准面变化示意图

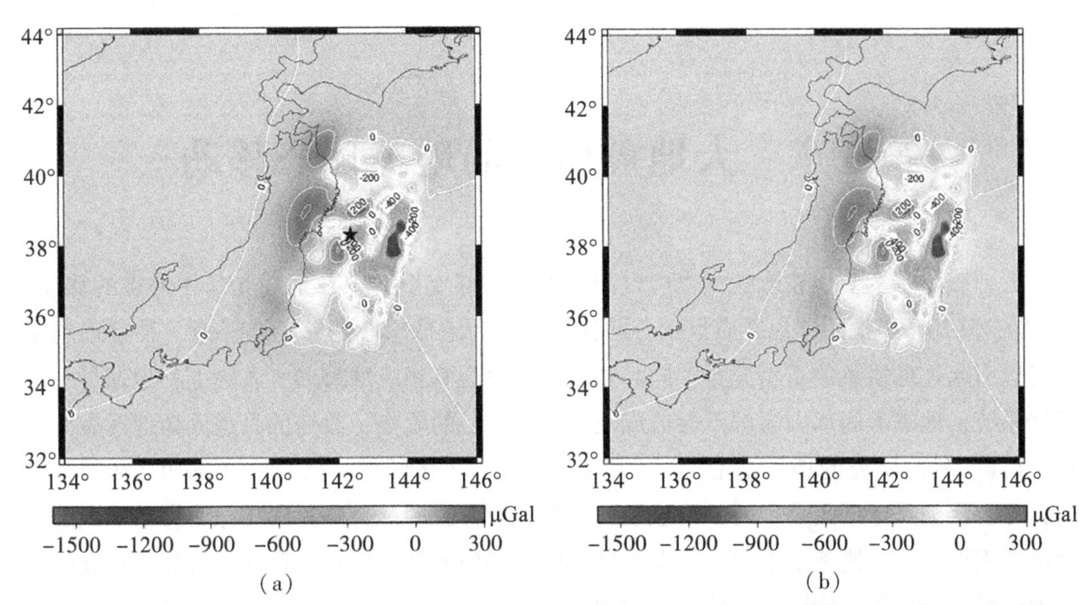

注：(a)是使用了新的 0km 格林函数的结果；(b)是使用 1km 格林函数代替 0km 格林函数而计算的结果；单位是 μGal。

图 4.4 2011 年日本东北大地震(M_W9.0)引起的同震重力变化示意图

第 5 章　大地震引起的地球球心移动

大地震除了产生地表形变，也可以产生地球内部变形，以及地球几何中心点的移动。Wu X. 等(2012) 把固体地球质量中心的移动定义为地球球心的移动。任意一种物理现象均可以引起地球质量的重新分布，同时它的质心也会有相应的移动。实际上，地球是一个保守系统，地震等内部因素都不会造成地球质量中心的改变，改变的只是固体地球表面几何中心(即我们研究的地球球心)，及其相对于参考框架的位置移动。Farrell (1972) 认为，球心移动是球谐函数中的一阶地表负荷变形所导致的。另外，同震球心移动不能简单地由半无限空间位错理论来解决，因为这种地球模型不包含球心这一几何特征。只有球模型的位错理论才能够计算同震球心的移动。

我们在弹性的球对称模型(Dahlen，1968)下，研究地震引起的同震球心移动。根据 Sun W. K. 等(2009) 的理论给出数值计算方案：首先计算全球一阶位错 Love 数，然后根据 2004 年苏门答腊地震(M_W9.3)与 2011 年日本东北大地震(M_W9.0)的断层滑动模型分别计算出它们引起的一阶全球径向位移分布，最后给出相应的球心移动结果。

5.1　球形地球模型的变形原理

先简单介绍一下弹性球位错的基本方程(Sun W. K. et al.，1996，2009)。如图 5.1 所示，径距 r_s 处有无限小断层 dS，在坐标系 ($\boldsymbol{e}_1$，$\boldsymbol{e}_2$，$\boldsymbol{e}_3$) 下的滑动矢量为 $\boldsymbol{v}$，法向矢量为 $\boldsymbol{n}$，滑动角为 λ，倾角为 δ。$\boldsymbol{e}_1$，$\boldsymbol{e}_2$ 分别指向赤道平面经度 $\varphi=0$ 与 $\varphi=\pi/2$ 方向上，$\boldsymbol{e}_3$ 沿着极轴方向。两个断层的相对滑移量为 U。因此，位移矢量与法向矢量可以被表示成：

$$
\begin{aligned}
U\boldsymbol{v} &= U(v_1\boldsymbol{e}_1 + v_2\boldsymbol{e}_2 + v_3\boldsymbol{e}_3) \\
\boldsymbol{n} &= n_1\boldsymbol{e}_1 + n_2\boldsymbol{e}_2 + n_3\boldsymbol{e}_3
\end{aligned}
\tag{5.1}
$$

对于引张源，滑动矢量与法向矢量一致：$\boldsymbol{v}=\boldsymbol{n}$。

发生在 SNREI 地球模型里的位错，在球坐标系 ($\boldsymbol{e}_r$，$\boldsymbol{e}_\theta$，$\boldsymbol{e}_\varphi$) 下激发的位移为 $\boldsymbol{u}(r,\theta,\varphi)$ (径向，余纬方向，经度方向)，应力张量为 $\boldsymbol{\tau}(r,\theta,\varphi)$，引力位为 $\psi(r,\theta,\varphi)$，地球半径 $r=a$。上标 $i=1，2，3$ 与 $j=1，2，3$ 表示滑动矢量 $\boldsymbol{v}$ 与法矢量 $\boldsymbol{n}$ 在球坐标系 ($\boldsymbol{e}_r$，$\boldsymbol{e}_\theta$，$\boldsymbol{e}_\varphi$) 下的三个分量。那么一阶线性平衡方程、应力应变关系、泊松方程可以用 $y_{k,m}^{n;ij}(a)$ 与 $y_{k,m}^{t,n,ij}(a)$ 的形式来描述，并且可以通过解下述方程来得到(Saito，1967；Takeuchi，Saito，1972)：

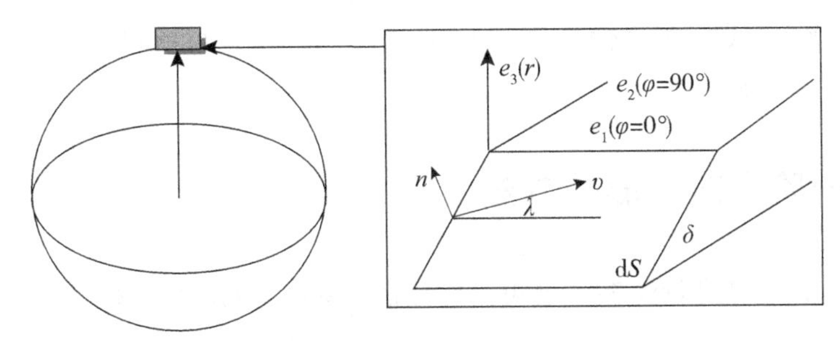

注：在坐标系（$\boldsymbol{e}_1$，$\boldsymbol{e}_2$，$\boldsymbol{e}_3$）下的滑动矢量 $\boldsymbol{v}$，法向矢量 $\boldsymbol{n}$，滑动角 λ，倾角 δ。

图 5.1　北极点源位错模型

$$\begin{cases} \dot{\boldsymbol{Y}}^s = \boldsymbol{A}^s \boldsymbol{Y}^s \\ \dot{\boldsymbol{Y}}^t = \boldsymbol{A}^t \boldsymbol{Y}^t \end{cases} \tag{5.2}$$

其中，$\boldsymbol{Y}^s = (y_{1,m}^{n,ij}, \cdots, y_{6,m}^{n,ij})^{\mathrm{T}}$，$\boldsymbol{Y}^t = (y_{1,m}^{t,n,ij}, y_{2,m}^{t,n,ij})^{\mathrm{T}}$，上标 s 代表球型变形，t 代表环型变形，上标点·代表对 r 求导。$\boldsymbol{A}^s$，$\boldsymbol{A}^t$ 是基于球模型的系数矩阵，解 $\boldsymbol{Y}^s$，$\boldsymbol{Y}^t$ 满足震源处（$r = r_s$）的不连续条件：

$$\boldsymbol{S}^{s,t} = [\boldsymbol{Y}^{s,t}(r_s + 0) - \boldsymbol{Y}^t(r_s - 0)]\delta(r - r_s) \tag{5.3}$$

矢量 $\boldsymbol{S}^s = (s_{1,m}^{n,ij}, \cdots, s_{6,m}^{n,ij})^{\mathrm{T}}$ 与 $\boldsymbol{S}^t = (s_{1,m}^{t,n,ij}, s_{2,m}^{t,n,ij})^{\mathrm{T}}$ 分别代表源函数的球型部分与环型部分。源函数(5.3)通常被描述为沿着断层面的双力偶。在我们的研究中，只有 $|m| \leq 2$ 被用到，因为震源被放在了极轴上。

为了解方程(5.2)需要使用不连续条件(5.3)以及下面的自由边界条件：

$$y_{2,m}^{n,ij}(a) = y_{4,m}^{n,ij}(a) = y_{6,m}^{n,ij}(a) = y_{2,m}^{t,n,ij}(a) = 0 \tag{5.4}$$

具体的解法 Smylie 和 Mansinha（1971），Takeuchi 和 Saito（1972），Okubo（1993）都有讨论过，Sun 和 Okubo（1993），Sun W. K. 等(2009)，Sun W. K.（2012）也做过相关的应用。

由于 $i = 1, 2, 3$，$j = 1, 2, 3$，那么 i 与 j 的组合有 9 个，则所有的 y 值也应该有 9 组。然而由于矩阵的对称性以及源函数的相关特性，独立的 $y_{k,m}^{n,ij}(a)$ 与 $y_{k,m}^{t,n,ij}(a)$ 只有 4 组，也就是说只要得到独立的四组解，其他的解就可以通过四组独立解之间的组合而得到。选择（$y_{k,m}^{n,12}$，$y_{k,m}^{n,32}$，$y_{k,m}^{n,22}$，$y_{k,m}^{n,33}$）作为四组独立解。它们分别对应垂直走滑、垂直倾滑、垂直断层的水平引张、水平断层的垂直引张四种位错源的变形。

位错 Love 数可以被写成(Sun W. K. et al.，1996)：

$$h_{nm}^{ij} = y_{1,m}^{n,ij}(a)a^2 \tag{5.5}$$

$$l_{nm}^{ij} = y_{3,m}^{n,ij}(a)a^2 \tag{5.6}$$

$$k_{nm}^{ij} = y_{5,m}^{n,ij}(a)\frac{a^2}{g_0} \tag{5.7}$$

$$l_{nm}^{t,\ ij} = y_{1,\ m}^{t,\ n,\ ij}(a)a^2 \tag{5.8}$$

其中 g_0 是重力常数。那么使用位错 Love 数(5.5)~(5.8)就可以得到位移格林函数(Sun W. K. et al., 2009)。

5.2　计算一阶同震变形的方法

我们获得所有阶数的 Love 数后就可以计算格林函数，同震位移格林函数可以表示为：

$$u(r,\ \theta,\ \varphi) = \frac{1}{a^2}\sum_{n=0}^{\infty}\sum_{m=-n}^{n}\sum_{i=1}^{3}\sum_{j=1}^{3}\begin{pmatrix} h_{nm}^{ij}(r)R_n^m(\theta,\ \varphi) \\ l_{nm}^{ij}(r)S_n^m(\theta,\ \varphi) \\ l_{nm}^{t,\ ij}(r)T_n^m(\theta,\ \varphi)\end{pmatrix}\cdot v_i n_j \frac{UdS}{a^2} \tag{5.9}$$

本章只研究球心的移动，而球心的移动来自一阶位移变形，我们仅研究一阶位错 Love 数就可以，定义所有的 $h_{nm}^{ij}(r) = l_{nm}^{ij}(r) = l_{nm}^{t,\ ij}(r) = 0(n \neq 1)$，在实际计算中，我们使用 Sun W. K. 等(2009) 的计算程序，仅输出一阶的同震位移变形即可。其相应的径向位移在地震原点处($\theta = 0$)最大，一阶球型变形包含三部分：负荷解、应力解与刚体移动解，而刚体移动解便是球心的移动解。下面介绍如何求一阶变形解：

$$\begin{aligned} u_r(a,\ 0,\ \varphi) = \Big\{ & \cos\lambda\,[u_r^{12}(a,\ \theta,\ \varphi)\sin\delta - u_r^{13}(a,\ \theta,\ \varphi)\cos\delta] \\ & + \sin\lambda\cdot\left[\frac{1}{2}(u_r^{33}(a,\ \theta,\ \varphi) - u_r^{22}(a,\ \theta,\ \varphi))\sin2\delta - u_r^{32}(a,\ \theta,\ \varphi)\cos2\delta\right]\Big\}\frac{UdS}{a^2} \end{aligned} \tag{5.10}$$

由于只需一阶变形，那么走滑变形($ij = 12$)与倾滑变形($ij = 32$)便不存在了，因为一阶的 $u_r^{12}(a,\ \theta,\ \varphi) = u_r^{32}(a,\ \theta,\ \varphi) = u_r^{13}(a,\ \theta,\ \varphi) = 0$。而非零项可被简化为：

$$u_r^{22}(a,\ \theta,\ \varphi) = \sum_{n=0}^{\infty} h_{n0}^{22}P_n(\cos\theta) = h_{10}^{22}P_1(\cos\theta) \tag{5.11}$$

$$u_r^{22}(a,\ 0,\ \varphi) = \lim_{\theta\to0} u_r^{22}(a,\ \theta) = \sum_{n=0}^{\infty} h_{n0}^{22} = h_{10}^{22} \tag{5.12}$$

$$u_r^{33}(a,\ 0,\ \varphi) = \sum_{n=0}^{\infty} h_{n0}^{33} = h_{10}^{33} \tag{5.13}$$

注意到当 $\theta \to 0$ 时方程(5.12)与(5.13)能使垂向位移取到极大值，而 $\lim_{\theta\to0} P_1^0(\cos\theta) = 1$，那么方程(5.10)可以被表示为：

$$u_r(a,\ 0,\ \varphi) = \frac{1}{2}[h_{10}^{33}(a) - h_{10}^{22}(a)]\sin2\delta\sin\lambda\frac{UdS}{a^2} \tag{5.14}$$

方程(5.14)的值便是一阶径向位移表达式。

把计算过程分成两步：(1)先计算北极点处的点源的变形；(2)通过坐标转换将此变形转换成地球上任意一点产生的变形。因为仅对球心的移动感兴趣，为了使计算方便，仅把震中作为坐标系原点。不需要把结果转换到普通坐标系下，因为球心的移动是沿着原点——震中的方向。

在公式(5.14)中，δ 与 λ 分别是断层的倾角与位错的滑动角。位错 Love 数 $h_{10}^{33}(a)$ 与 $h_{10}^{22}(a)$ 可以在给定的地球模型下计算出来。公式(5.14)是解析解的形式，可以很简单地计算出球心的一阶移动；它可以用来验证由 Sun W. K. 等（2009）的理论计算出的一阶径向位移数值解结果。

5.3 大地震引起的全球一阶变形

在实例研究中，需要先计算一阶位错 Love 数，并运用 Sun W. K. 等(2009)计算 $n = 1$ 的位移格林函数。然后，我们计算 2004 年苏门答腊地震(M_W9.3)和 2011 年日本东北大地震(M_W9.0)引起的全球一阶变形。

为了对比，本节选用地震的多个断层滑动模型来计算。对于 2004 年苏门答腊地震(M_W9.3)，我们采用 Chlieh 等(2007)、USGS(2004) 和 USGS(Ji) 的模型。Chlieh 等(2007) 是联合反演近场位移与远场 GPS 位移数据而得，滑动分布结果比较详细；USGS(Ji) 模型十分细致，Han 等(2006) 也使用过此模型。Ammon 等(2005) 使用地震波也反演给出过相应的断层滑动模型，以及 Tsai 等(2005) 也反演得到过 5 个点震源模型。我们根据这三种断层滑动模型数据分别给出相应的滑动分布示意图 5.2。

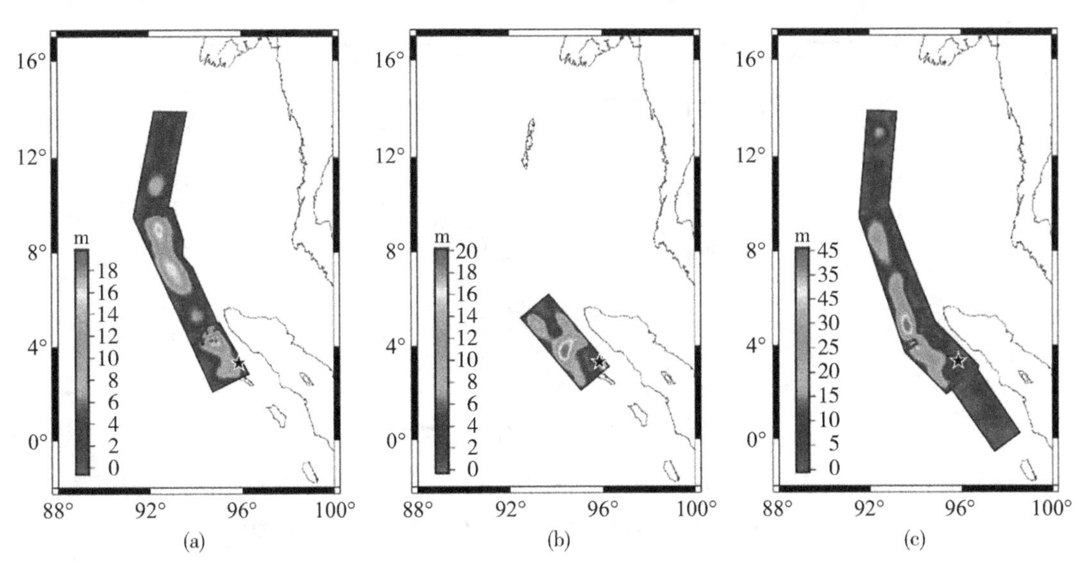

注：(a)(b)(c)分别是采用 Chlieh 等(2007)、USGS(2004)、USGS-Ji (Han et al., 2006)的数据，单位为米，五角星代表震源。

图 5.2 2004 年苏门答腊地震(M_W9.3)断层滑动模型示意图

对于 2011 年日本东北大地震($M_W 9.0$)，我们分别采用 USGS、ARIA、UCSB 网站给的三个断层滑动分布模型数据。相比于苏门答腊地震，日本地震只有一个断层，滑动分布结果相对简洁一些，我们利用各自的断层数据分别给出它们的滑动分布示意图 5.3。

利用上述有限断层的滑动模型，我们分别计算他们对应的一阶全球径向位移，结果如图 5.4、图 5.5 所示，以震中为参考，分别给出以震中为中心的半球、以震中对称点为中心的半球面上的变形结果，从图 5.4 与图 5.5 可见(彩图 5.5 见附录)，最大的变形均发生在震中。并且不同的断层模型产生的一阶变形差异非常大。苏门答腊地震在三种模型下产生的最大一阶径向位移分别为 0.54mm、0.22mm、0.89mm。日本东北大地震在三种模型下产生的最大一阶径向位移分别为 0.32mm、0.43mm、0.43mm。结果表明，地球中心的位移不仅受震级影响，对断层滑动模型也十分敏感。我们将上述结果总结在表 5.1 中，两个地震产生的最大一阶变形分别为 0.89mm 和 0.43mm。

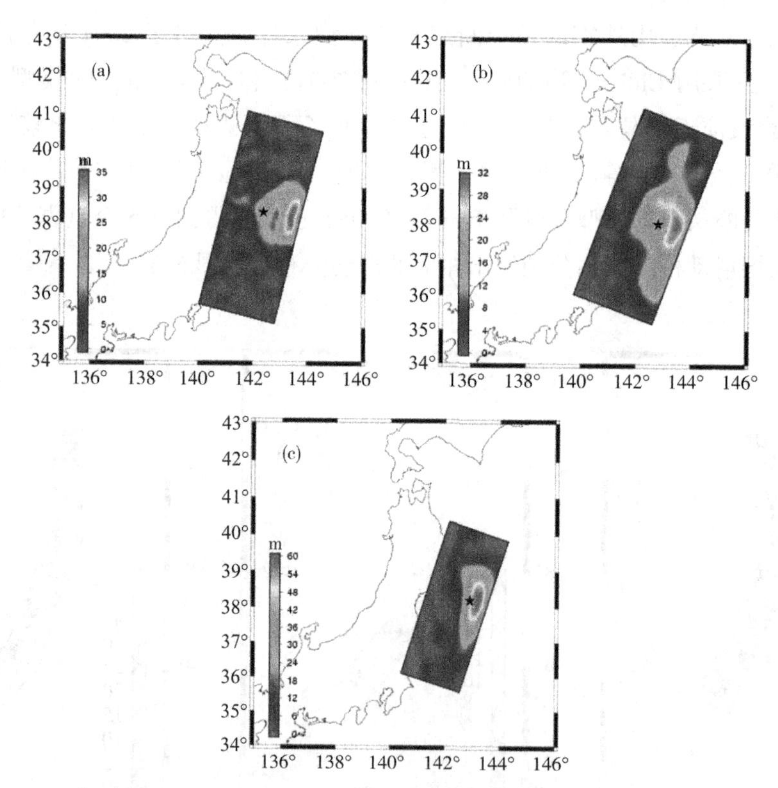

注：(a)(b)(c)分别来源于 USGS、ARIA、UCSB 网站公布的数据，单位为米，五角星代表震源。

图 5.3　2011 年日本东北大地震($M_W 9.0$)断层滑动模型示意图

值得注意的是，地球中心的移动包含在一阶变形之内。我们在此并没有把它从一阶变形中分离出来，因为我们后面采用新方法对此进行了专门讨论。

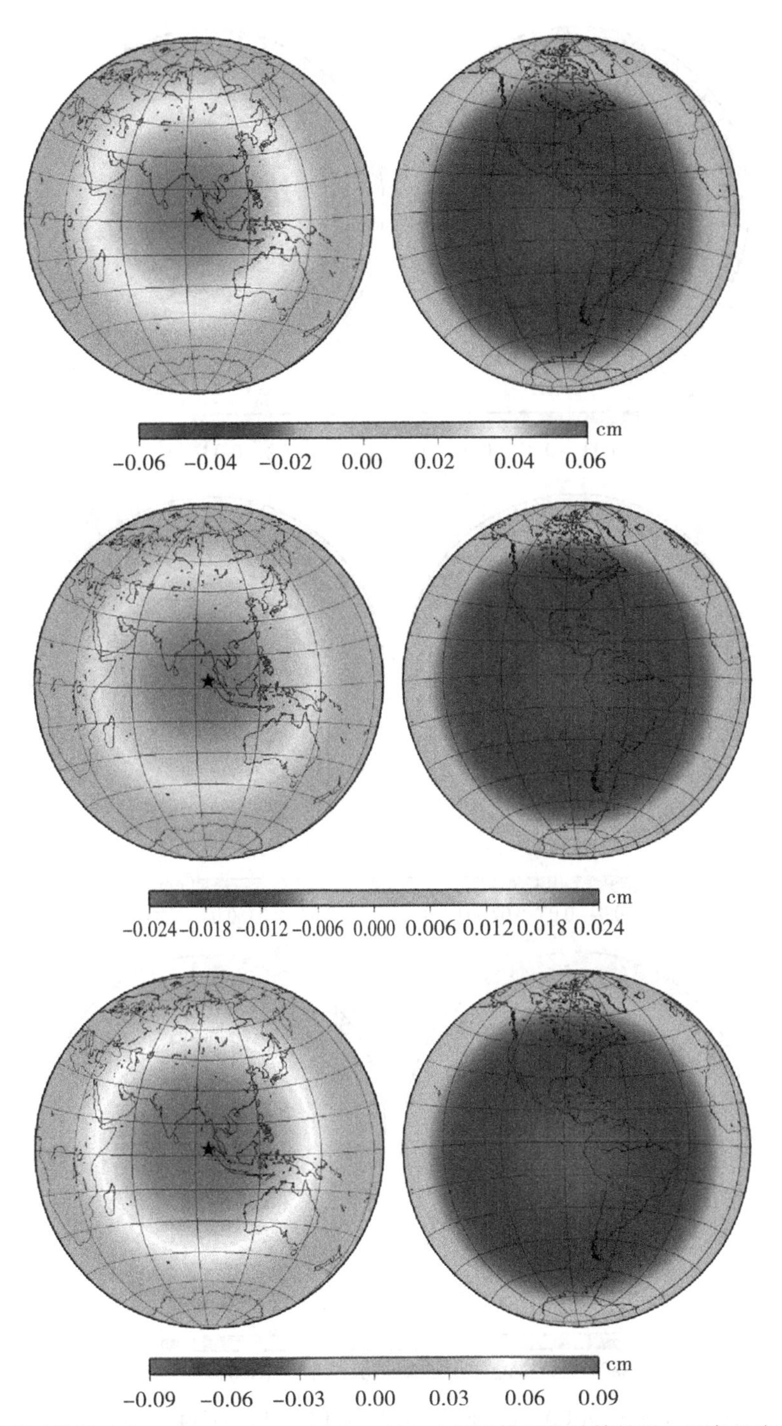

注：从上到下分别对应 Chlieh et al. 、USGS、USGS-Ji 滑动模型的计算结果，五角星为震中位置。

图 5.4　2004 年苏门答腊地震(M_W9.0)引起的全球一阶径向位移示意图(单位是厘米)

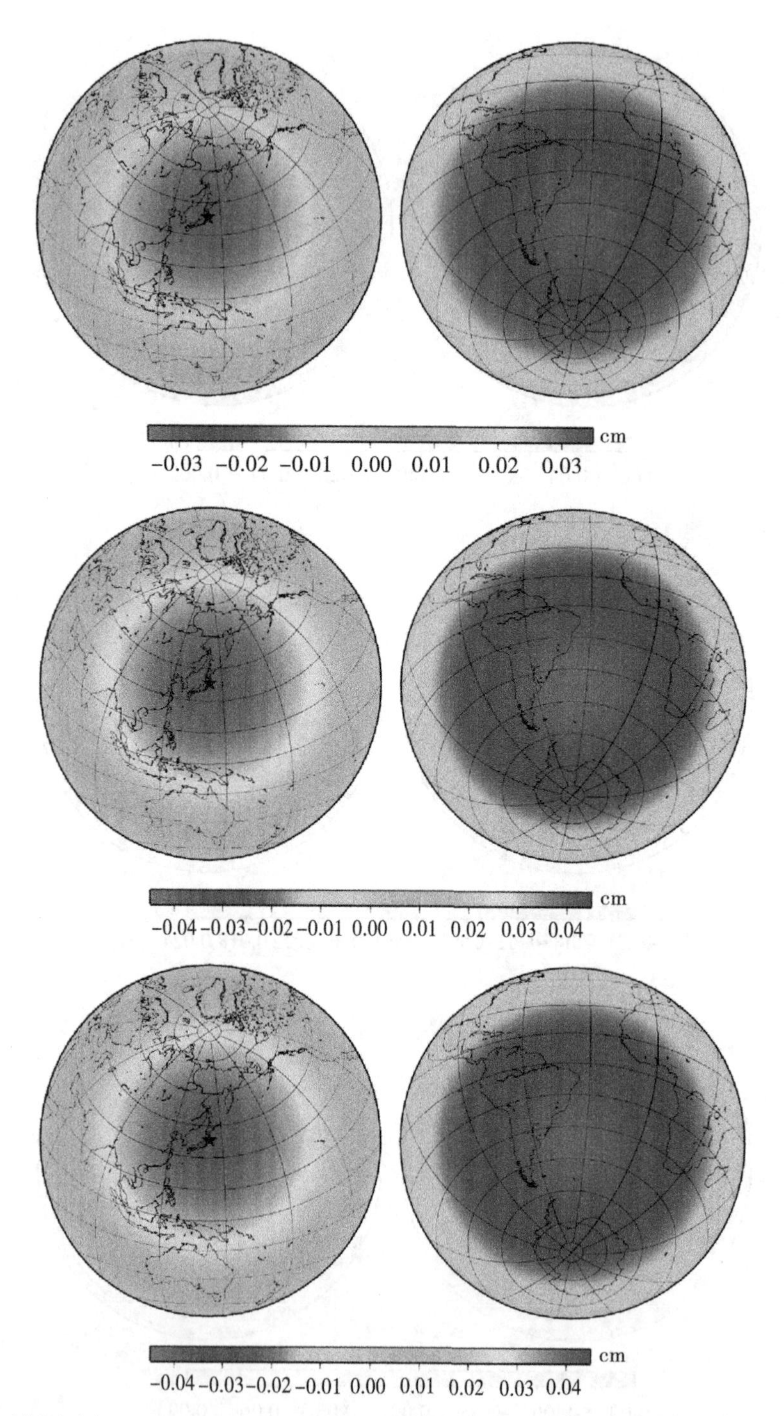

注：从上到下分别对应 USGS、ARIA、UCSB 滑动模型的计算结果，五角星为震中位置。单位是厘米。

图 5.5　2011 年日本东北大地震(M_W9.0)引起的一阶径向位移示意图

表 5.1 **2004 Sumatra 地震与 2011 Tohoku-Oki 地震引起的最大一阶径向移动**

Model	2004 Sumatra earthquake			2011 Tohoku-Oki earthquake		
	Chlieh	USGS	USGS(Ji)	USGS	ARIA	UCSB
Lat(°)	3.09	3.298	3.298	38.308	38.05	38.20
Lon(°)	94.26	95.778	95.778	142.38	142.8	142.9
Depth (km)	28.6	7.0	7.0	10.0	24.0	14.0
Mo(10^{22} Nm)	4.0	0.26	0.26	4.5	4.5	5.06
Strike(°)	329	274	274	187	201	199
Dip(°)	8	12	12	14	9	10
Slip(°)	110	55	55	68	72	92
Dis (mm)	0.54	0.22	0.87	0.32	0.43	0.43

5.4 地震引起的球心移动

根据 Okubo and Endo (1986)，地球表面的一阶变形包括三部分：①负荷解、②应力解、③刚体移动解。而刚体移动解便是球心移动，如图 5.6 所示，地震引发的变形前，地球的几何球心(CF)=整个地球的质量中心(CM)=原点；但是变形后，原点从 o-xyz 移动到 o'-$x'y'z'$。在我们的理论中，地震触发的力是内力，因此质量中心是不变的，那么只有地球的几何中心发生了移动。

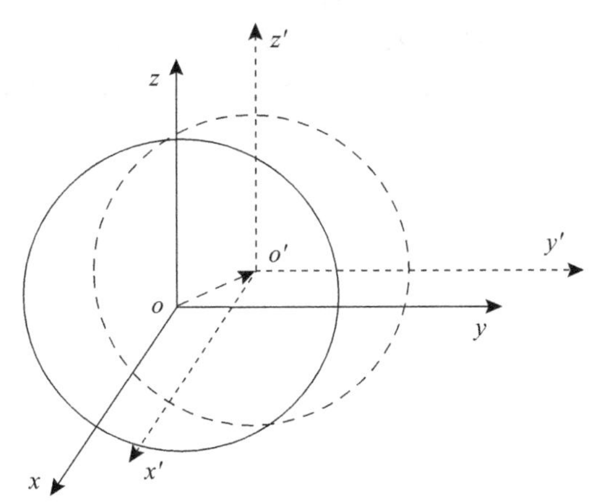

注：变形前，球心=质量中心=原点；变形后，质量中心未变，但原点从 o-xyz 移动到 o'-$x'y'z'$。

图 5.6 地震引起的球心移动示意图

关于地球几何中心的移动，可以根据如下移动矢量($\boldsymbol{r}_{CF}$)的定义(Zhou J. et al., 2015)得到。

$$\boldsymbol{r}_{CF}=\frac{1}{4\pi R^2}\int \boldsymbol{r}_s \mathrm{d}s \tag{5.15}$$

其中，$\boldsymbol{r}_s$ 是地球表面 s 上任意一点的位置矢量.

$$\boldsymbol{r}_s=\begin{pmatrix} r\sin\theta\cos\phi \\ r\sin\theta\sin\phi \\ r\cos\theta \end{pmatrix} \tag{5.16}$$

地震发生前 $\boldsymbol{r}_{CF}=0$，地震发生后地球上某一特定点会从 $\boldsymbol{r}_0$ 移动到 $\boldsymbol{r}_s$，从而产生位移 $\boldsymbol{u}$。根据拉格朗日描述的积分学原理(Chao，Gross，1987)，球心(CF)的移动可写为

$$\Delta\boldsymbol{r}_{CF}=\frac{1}{4\pi R^2}\int \nabla\boldsymbol{r}_s\cdot\boldsymbol{u}\mathrm{d}s \tag{5.17}$$

值得注意的是，利用计算公式(5.17)，可以得到任意球面(包括地球内部)的平均几何中心的移动。如果考虑地球表面，则计算结果给出地球表面的平均几何位移，该位移直接影响地球坐标系的原点定义与变化。计算结果显示，2004 年苏门答腊大地震(M_W9.3)在 Chlieh 等(2007)、USGS、USGS-Ji 三种滑动模型下引起的平均几何中心移动分别为 2.02mm、1.01mm 和 4.13mm；而 2011 年日本东北大地震(M_W9.0)在 USGS、ARIA、UCSB 三种滑动模型下引起的平均几何中心移动分别为 1.63mm、2.28mm 和 2.22mm。该一定量级应该被现代大地测量技术检测到。但是，观测的实际地球几何中心的移动包含了多种物理信号的影响，能否将其分离出来，还有待进一步研究。

如果利用计算公式(5.17)，并且考虑地球几何中心非常靠近的小球面(代表地球内核几何中心)进行计算，就可以得到地球内核相对于地球质心的移动。数值计算结果表明，2004 年苏门答腊大地震(M_W9.3)的三个滑动模型的地核中心移动分别为 0.051mm、0.016mm 和 0.054mm；而 2011 年日本东北大地震(M_W9.0)的三个滑动模型的地核中心移动分别为 0.025mm、0.025mm 和 0.026mm。

大地震引起的球心移动与震级的大小有直接关系，同时也受到断层滑动分布的影响。关于此部分的具体计算可参考 Zhou J. 等(2015)，它是对 Sun 和 Dong (2014) 的补充以及关于球心移动的重新定义。

第6章　地球内部变形理论的发展及应用

由于半无限空间位错理论的解析性与简洁性，该模型下的地表与地球内部变形解析解已有完整发展，Okada（1985）给出了均质半无限空间模型的位错理论计算公式，并且由于近场的地震研究多为小区域，所以此理论被使用得非常广泛；Okada（1992）进一步给出了半无限空间模型下的地球内部变形计算公式。而考虑了地球的分层构造、自重及曲率影响的球形位错理论（Sun W. K et al.，2009）在地表同震变形的研究上也有很成熟的发展，由于球形位错理论的数值计算困难，该模型下的地球内部变形一直是该理论的缺失，发展较慢。

考虑到层状构造、自重及曲率对同震变形的影响，在日本地震中，三者对近场的地表重力变化又产生23%的影响，对近场大地水准面变化的影响有9%，对远场水平位移的影响有31.8%，对远场垂直位移造成71.4%的影响，这些影响都是不可忽视甚至非常大的，球形地球模型无疑是最合理的，尤其是在远场变形研究、高精度断层反演以及解释精密大地测量数据时。那么，我们在球坐标系下建立地球内部变形的理论框架是必要的，计算地震引起的地球内部位移、重力及应力变化等。而这些变量关系到地球内部的质量迁移与应力调整，为下次地震的孕育及机理分析提供参考。

为了正确计算地震产生的变形或者利用大地测量/地球物理数据反演断层滑动分布，合理的地震位错理论显得尤为重要。这可以帮助我们更深刻地认识地震并为减少地震伤害提供科学依据。而且球形位错理论考虑的物理参数更接近于真实地球，研究此模型下的地球内部变形更具有现实意义。

本研究的理论部分是依据地表变形的研究结果，推导并完成地震引起的地球内部（震源附近、地壳、地幔及内核等）变形，使其可以计算任意地震引起的地球内部任意位置处的位移、重力、应力、应变变化等。由于球形地球模型的复杂性，在建立物理方程与数值计算上存在很多困难，我们先研究不带自重的均质球的内部变形理论：利用解算出的四个独立点源（走滑点源、倾滑点源、水平引张点源与垂直引张点源）产生的均质球的地表位移格林函数（Dong J. et al.，2016），推导并给出点源引起的地球内部不同层面上的变形解公式，主要分为震源上部与下部两部分做计算。同时编写均质球内部变形的计算程序，并对比Okada（1992）已给出的均质半无限空间模型的内部变形解析解，证明新理论的正确性。我们利用新的程序计算了走滑点源引起的地球内部同震变形受曲率的影响，这比地表变形受到的曲率影响要大得多，研究结论对深源地震及远场变形的研究尤为重要。

实例应用部分，目前我们只是在半无限空间的内部变形理论的基础上，计算了2011

年日本东北大地震(M_W 9.0)和 2015 年尼泊尔地震(M_W 7.8)产生的地球内部同震位移，分析它们在地球不同深处的变形特征。由于大地测量数据多为地表变形的监测，故而在内部变形的研究中，与大地测量数据的结合还未有很深的研究和讨论，目前只给出了初步的结果，此部分作为下一步继续研究的计划。

6.1　半无限空间模型的地球内部变形计算

Okada (1992)总结并分析了前人的研究成果，给出了半无限空间模型的地球内部同震变形的解析公式(包括点源与有限断层引起的变形)。同 Okada (1985) 一样，该公式也非常简洁，但未考虑地球的层状构造、自重及曲率的影响。半无限空间位错理论采用的是笛卡儿坐标系，如图 6.1 所示，并且我们研究的弹性介质均位于 $z \leqslant 0$ 的区域，4 种不同点源(走滑点源、倾滑点源、引张点源和膨胀源)的定义及走向如图 6.1 所示。省略复杂的推导过程，给出半无限空间模型下四种不同点源的地球内部位移计算公式，以方便后续的计算和讨论。

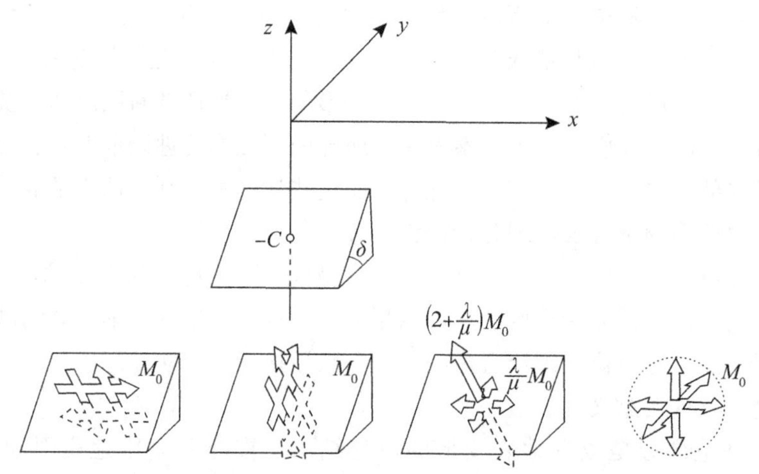

注：弹性介质位于 $z \leqslant 0$ 的区域，x 轴选取与断层走向平行的方向；四种不同类型的点源：走滑点源(下一图)、倾滑点源(下二图)、引张点源(下三图)及膨胀源(下四图)；拉梅常数为 λ、μ，点源震级为 M_o。

图 6.1　半无限空间模型使用的笛卡儿坐标系及四种不同点源的定义及走向

$(0, 0, -c; \delta, M_0)$ 处的点源产生的地球内部位移为：

$$\boldsymbol{u}^o(x, y, z) = \frac{M_0}{2\pi\mu} \boldsymbol{u}_A^o(x, y, z) - \boldsymbol{u}_A^o(x, y, -z) + \boldsymbol{u}_B^o(x, y, z) + z\,\boldsymbol{u}_C^o(x, y, z) \tag{6.1}$$

其中，c 是震源深度，M_0是震级，x、y、z 三个方向的分量分别为：

(1)走滑点源：

$$\begin{cases} \boldsymbol{u}_{Ax}^{o}(x, y, z) = \dfrac{1-\alpha}{2}\dfrac{q}{R^3} + \dfrac{\alpha}{2}\dfrac{3x^2q}{R^5} \\ \boldsymbol{u}_{Ay}^{o}(x, y, z) = \dfrac{1-\alpha}{2}\dfrac{x}{R^3}\sin\delta + \dfrac{\alpha}{2}\dfrac{3xyq}{R^5} \\ \boldsymbol{u}_{Az}^{o}(x, y, z) = -\dfrac{1-\alpha}{2}\dfrac{x}{R^3}\cos\delta + \dfrac{\alpha}{2}\dfrac{3xdq}{R^5} \end{cases} \tag{6.2}$$

$$\begin{cases} \boldsymbol{u}_{Bx}^{o}(x, y, z) = -\dfrac{3x^2q}{R^5} - \dfrac{1-\alpha}{\alpha}I_1^o\sin\delta \\ \boldsymbol{u}_{By}^{o}(x, y, z) = -\dfrac{3xyq}{R^5} - \dfrac{1-\alpha}{\alpha}I_2^o\sin\delta \\ \boldsymbol{u}_{Bz}^{o}(x, y, z) = -\dfrac{3cxq}{R^5} - \dfrac{1-\alpha}{\alpha}I_4^o\sin\delta \end{cases} \tag{6.3}$$

$$\begin{cases} \boldsymbol{u}_{Cx}^{o}(x, y, z) = -(1-\alpha)\dfrac{A_3}{R^3}\cos\delta + \alpha\dfrac{3cq}{R^5}A_5 \\ \boldsymbol{u}_{Cy}^{o}(x, y, z) = (1-\alpha)\dfrac{3xy}{R^5}\cos\delta + \alpha\dfrac{3cx}{R^5}\left[\sin\delta - \dfrac{5yq}{R^2}\right] \\ \boldsymbol{u}_{Cz}^{o}(x, y, z) = -(1-\alpha)\dfrac{3xy}{R^5}\sin\delta + \alpha\dfrac{3cx}{R^5}\left[\cos\delta + \dfrac{5dq}{R^2}\right] \end{cases} \tag{6.4}$$

(2)倾滑点源：

$$\begin{cases} \boldsymbol{u}_{Ax}^{o}(x, y, z) = \dfrac{\alpha}{2}\dfrac{3xpq}{R^5} \\ \boldsymbol{u}_{Ay}^{o}(x, y, z) = \dfrac{1-\alpha}{2}\dfrac{s}{R^3} + \dfrac{\alpha}{2}\dfrac{3ypq}{R^5} \\ \boldsymbol{u}_{Az}^{o}(x, y, z) = -\dfrac{1-\alpha}{2}\dfrac{t}{R^3} + \dfrac{\alpha}{2}\dfrac{3dpq}{R^5} \end{cases} \tag{6.5}$$

$$\begin{cases} \boldsymbol{u}_{Bx}^{o}(x, y, z) = -\dfrac{3xpq}{R^5} + \dfrac{1-\alpha}{\alpha}I_3^o\sin\delta\cos\delta \\ \boldsymbol{u}_{By}^{o}(x, y, z) = -\dfrac{3ypq}{R^5} + \dfrac{1-\alpha}{\alpha}I_1^o\sin\delta\cos\delta \\ \boldsymbol{u}_{Bz}^{o}(x, y, z) = -\dfrac{3cpq}{R^5} + \dfrac{1-\alpha}{\alpha}I_5^o\sin\delta\cos\delta \end{cases} \tag{6.6}$$

$$\begin{cases} \boldsymbol{u}_{Cx}^{o}(x, y, z) = (1-\alpha)\dfrac{3xt}{R^5} - \alpha\dfrac{15cxpq}{R^7} \\ \boldsymbol{u}_{Cy}^{o}(x, y, z) = -(1-\alpha)\dfrac{1}{R^3}\left[\cos2\delta - \dfrac{3yt}{R^2}\right] + \alpha\dfrac{3c}{R^5}\left[s - \dfrac{5ypq}{R^2}\right] \\ \boldsymbol{u}_{Cz}^{o}(x, y, z) = -(1-\alpha)\dfrac{A_3}{R^3}\sin\delta\cos\delta + \alpha\dfrac{3c}{R^5}\left[t + \dfrac{5dpq}{R^2}\right] \end{cases} \tag{6.7}$$

(3)引张点源：

$$\begin{cases} \boldsymbol{u}_{Ax}^{o}(x, y, z) = \dfrac{1-\alpha}{2}\dfrac{x}{R^3} - \dfrac{\alpha}{2}\dfrac{3xq^2}{R^5} \\ \boldsymbol{u}_{Ay}^{o}(x, y, z) = \dfrac{1-\alpha}{2}\dfrac{t}{R^3} - \dfrac{\alpha}{2}\dfrac{3yq^2}{R^5} \\ \boldsymbol{u}_{Az}^{o}(x, y, z) = \dfrac{1-\alpha}{2}\dfrac{s}{R^3} - \dfrac{\alpha}{2}\dfrac{3dq^2}{R^5} \end{cases} \tag{6.8}$$

$$\begin{cases} \boldsymbol{u}_{Bx}^{o}(x, y, z) = \dfrac{3xq^2}{R^5} - \dfrac{1-\alpha}{\alpha}I_3^o \sin^2\delta \\ \boldsymbol{u}_{By}^{o}(x, y, z) = \dfrac{3yq^2}{R^5} - \dfrac{1-\alpha}{\alpha}I_1^o \sin^2\delta \\ \boldsymbol{u}_{Bz}^{o}(x, y, z) = \dfrac{3cq^2}{R^5} - \dfrac{1-\alpha}{\alpha}I_5^o \sin^2\delta \end{cases} \tag{6.9}$$

$$\begin{cases} \boldsymbol{u}_{Cx}^{o}(x, y, z) = -(1-\alpha)\dfrac{3xs}{R^5} + \alpha\dfrac{15cxq^2}{R^7} - \alpha\dfrac{3xz}{R^5} \\ \boldsymbol{u}_{Cy}^{o}(x, y, z) = (1-\alpha)\dfrac{1}{R^3}\left[\sin 2\delta - \dfrac{3ys}{R^2}\right] + \alpha\dfrac{3c}{R^5}\left[t - y + \dfrac{5yq^2}{R^2}\right] - \alpha\dfrac{3yz}{R^5} \\ \boldsymbol{u}_{Cz}^{o}(x, y, z) = -(1-\alpha)\dfrac{1}{R^3}[1 - A_3\sin^2\delta] - \alpha\dfrac{3c}{R^5}\left[s - d + \dfrac{5dq^2}{R^2}\right] + \alpha\dfrac{3dz}{R^5} \end{cases} \tag{6.10}$$

(4)膨胀源：

$$\begin{cases} \boldsymbol{u}_{Ax}^{o}(x, y, z) = -\dfrac{1-\alpha}{2}\dfrac{x}{R^3} \\ \boldsymbol{u}_{Ay}^{o}(x, y, z) = -\dfrac{1-\alpha}{2}\dfrac{y}{R^3} \\ \boldsymbol{u}_{Az}^{o}(x, y, z) = -\dfrac{1-\alpha}{2}\dfrac{d}{R^3} \end{cases} \tag{6.11}$$

$$\begin{cases} \boldsymbol{u}_{Bx}^{o}(x, y, z) = \dfrac{1-\alpha}{\alpha}\dfrac{x}{R^3} \\ \boldsymbol{u}_{By}^{o}(x, y, z) = \dfrac{1-\alpha}{\alpha}\dfrac{y}{R^3} \\ \boldsymbol{u}_{Bz}^{o}(x, y, z) = \dfrac{1-\alpha}{\alpha}\dfrac{d}{R^3} \end{cases} \tag{6.12}$$

$$\begin{cases} \boldsymbol{u}_{Cx}^{o}(x, y, z) = (1-\alpha)\dfrac{3xd}{R^5} \\ \boldsymbol{u}_{Cy}^{o}(x, y, z) = (1-\alpha)\dfrac{3yd}{R^5} \\ \boldsymbol{u}_{Cz}^{o}(x, y, z) = (1-\alpha)\dfrac{C_3}{R^3} \end{cases} \tag{6.13}$$

其中，四种点源计算公式共用的变量有：

$$\begin{cases} d = c - z \\ R^2 = x^2 + y^2 + d^2 \\ \alpha = \dfrac{\lambda + \mu}{\lambda + 2\mu} \\ p = y\cos\delta + d\sin\delta \\ q = y\sin\delta - d\cos\delta \\ s = p\sin\delta + q\cos\delta \\ t = p\cos\delta - q\sin\delta \end{cases} \tag{6.14}$$

$$\begin{cases} I_1^0 = y\left[\dfrac{1}{R(R+d)^2} - x^2\dfrac{3R+d}{R^3(R+d)^3}\right] \\ I_2^0 = x\left[\dfrac{1}{R(R+d)^2} - y^2\dfrac{3R+d}{R^3(R+d)^3}\right] \\ I_3^0 = \dfrac{x}{R^3} - I_2^0 \\ I_4^0 = -xy\dfrac{2R+d}{R^3(R+d)^2} \\ I_5^0 = \dfrac{1}{R(R+d)} - x^2\dfrac{2R+d}{R^3(R+d)^2} \end{cases} \tag{6.15}$$

$$\begin{cases} A_3 = 1 - \dfrac{3x^2}{R^2} \quad A_5 = 1 - \dfrac{5x^2}{R^2} \quad A_7 = 1 - \dfrac{7x^2}{R^2} \\ B_3 = 1 - \dfrac{3y^2}{R^2} \quad B_5 = 1 - \dfrac{5y^2}{R^2} \quad B_7 = 1 - \dfrac{7y^2}{R^2} \\ C_3 = 1 - \dfrac{3d^2}{R^2} \quad C_5 = 1 - \dfrac{5d^2}{R^2} \quad C_7 = 1 - \dfrac{7d^2}{R^2} \end{cases} \tag{6.16}$$

将 4 种点源的位移分量分别代入公式(6.1)即可得到任意位置的点源在地球内部任意深度处的位移变化。

6.2 均质球模型的地球内部变形计算

近年来地震的研究一般都局限于地表的变化，而由地震引起的地球内部同震变形研究却很少。目前还缺少球模型下的内部变形位错理论研究，由于球形位错理论的数值计算困难，我们先研究不带自重的均质球的内部变形理论：根据四个独立点源(走滑点源、倾滑点源、水平引张点源与垂直引张点源)产生的均质球的地表变形格林函数，推导并给出四个点源引起的地球内部不同层面上的位移解公式，继而扩展到地震有限断层引起的地球内部(震源附近、地壳、地幔及内核等)变形，使其可以计算任意地震(点源)引起的地球内部任意位置处的位移、重力、大地水准面和应变变化等。

6.2.1　均质球模型的地球内部变形计算方法

基于 Dong J. 等(2016)的基本解思想，我们推导一组新的计算均质球模型(SNREI)下的内部变形公式(Dong J. et al., 2021)。仍然基于 4 个独立点源(走滑点源、倾滑点源、水平引张点源和垂直引张点源)在球坐标系 (r, θ, φ) 下求解，分别计算它们产生的内部变形格林函数，而任意一个有限断层都可以通过这 4 个独立点源的组合得到。

我们在球坐标系下定义任意一个点震源，分别研究它在地球内部任意深处 $h_k(k=1, 2, \cdots, n)$ 球面上产生的变形，如图 6.2 所示，其中 r 是地球半径，(θ, φ) 分别代表余纬和经度。

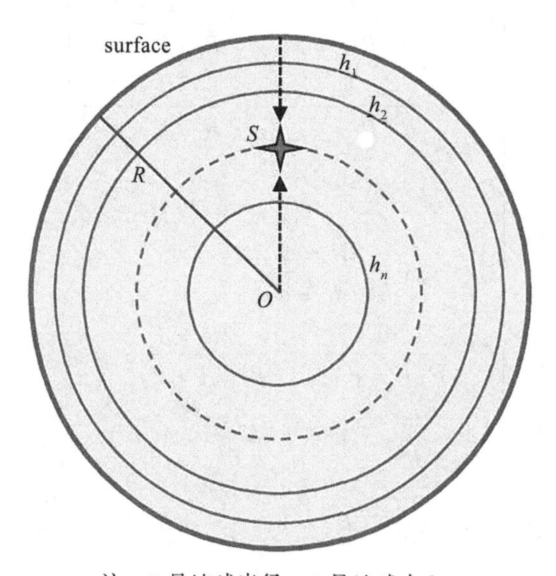

注：R 是地球半径，O 是地球中心。

图 6.2　点源(S)和内部任意深处球面 $h_k(k=1, 2, \cdots, n)$的示例图

由于我们研究的是不带自重的均质球模型，那么在 $(r_0, \theta_0, \varphi_0)$ 处的单位点力($\boldsymbol{f}$)所激发产生的位移场($\boldsymbol{u}$)、应力场($\boldsymbol{\tau}$)满足如下应力-应变关系和泊松方程，同时也满足平衡方程 (Alterman et al., 1959; Takeuchi, Saito, 1972)：

$$\nabla \cdot \boldsymbol{\tau} + \rho \boldsymbol{f} = 0 \tag{6.17}$$

$$\boldsymbol{\tau} = \lambda \boldsymbol{I} \nabla \cdot \boldsymbol{u} + \mu(\nabla \boldsymbol{u} + (\nabla \boldsymbol{u})^{\mathrm{T}}) \tag{6.18}$$

式中，$\boldsymbol{I}$ 是单位张量，上标“T”表示转置，μ 和 λ 是震源处的弹性介质常数，即拉梅常数。

一般情况下，任意一个矢量在单位球面上都可以用三个球谐函数来表达，上述位移场 $\boldsymbol{u}(r, \theta, \varphi)$、应力张量 $\boldsymbol{\tau}(r, \theta, \varphi)$ 可以写成：

$$\boldsymbol{u}(r, \theta, \varphi) = \sum_{n, m} [y_1(r)\boldsymbol{R}_n^m(\theta, \varphi) + y_3(r)\boldsymbol{S}_n^m(\theta, \varphi) + y_1^t(r)\boldsymbol{T}_n^m(\theta, \varphi)] \tag{6.19}$$

$$\boldsymbol{\tau} \bullet \boldsymbol{e}_r(r, \theta, \varphi) = \sum_{n, m} [y_2(r)\boldsymbol{R}_n^m(\theta, \varphi) + y_4(r)\boldsymbol{S}_n^m(\theta, \varphi) + y_2^t(r)\boldsymbol{T}_n^m(\theta, \varphi)] \tag{6.20}$$

式中球谐函数 $\boldsymbol{R}_n^m(\theta,\ \varphi)$，$\boldsymbol{S}_n^m(\theta,\ \varphi)$ 和 $\boldsymbol{T}_n^m(\theta,\ \varphi)$ 是缔合勒让德函数 $P_n^m(\cos\theta)$ 的函数，上标 t 代表环型变形。y_1 至 y_4 是球型变形因子，y_1 和 y_3 是位移的径向与水平向分量，y_2 和 y_4 是应力的径向和水平向分量，y_1^t 和 y_2^t 是环型变形因子中的水平位移和应力分量。

$$
\begin{cases}
\boldsymbol{R}_n^m(\theta,\ \varphi)=e_r Y_n^m(\theta,\ \varphi)\\
\boldsymbol{S}_n^m(\theta,\ \varphi)=\left[e_\theta\dfrac{\partial}{\partial\theta}+e_\varphi\dfrac{1}{\sin\theta}\dfrac{\partial}{\partial\varphi}\right]Y_n^m(\theta,\ \varphi)\\
\boldsymbol{T}_n^m(\theta,\ \varphi)=\left[e_\theta\dfrac{1}{\sin\theta}\dfrac{\partial}{\partial\varphi}-e_\varphi\dfrac{\partial}{\partial\theta}\right]Y_n^m(\theta,\ \varphi)
\end{cases}
\tag{6.21}
$$

而，

$$
\begin{aligned}
&Y_n^m(\theta,\ \varphi)=P_n^m(\cos\theta)e^{im\varphi},\\
&Y_n^{-|m|}(\theta,\ \varphi)=(-1)mP_n^{|m|}(\cos\theta)e^{-i|m|\varphi},\\
&m=0,\quad \pm1,\quad \pm2,\ \cdots,\quad \pm n
\end{aligned}
\tag{6.22}
$$

$P_n^m(\cos\theta)$ 是缔合勒让德函数，($\boldsymbol{e}_r$，$\boldsymbol{e}_\theta$，$\boldsymbol{e}_\varphi$)是球坐标系下径向、余纬和经度方向的基本矢量。

同样的，点力 $\boldsymbol{f}$ 也可以表达成球函数的形式，

$$
\rho\boldsymbol{f}=\frac{\delta(r-r_0)}{r_0^2}\sum_{n,\ m}\left[F_2(r)\boldsymbol{R}_n^m(\theta,\ \varphi)+F_4(r)\boldsymbol{S}_n^m(\theta,\ \varphi)+F_2^t(r)\boldsymbol{T}_n^m(\theta,\ \varphi)\right]
\tag{6.23}
$$

$$
\begin{cases}
F_2(r)=\dfrac{2n+1}{4\pi}\dfrac{(n-m)!}{(n+m)!}\boldsymbol{R}_n^{m*}(\theta_0,\ \varphi_0)\cdot\boldsymbol{\nu}\\
F_4(r)=\dfrac{2n+1}{4\pi n(n+1)}\dfrac{(n-m)!}{(n+m)!}\boldsymbol{S}_n^{m*}(\theta_0,\ \varphi_0)\cdot\boldsymbol{\nu}\\
F_2^t(r)=\dfrac{2n+1}{4\pi n(n+1)}\dfrac{(n-m)!}{(n+m)!}\boldsymbol{T}_n^{m*}(\theta_0,\ \varphi_0)\cdot\boldsymbol{\nu}
\end{cases}
\tag{6.24}
$$

其中，* 代表复共轭，$\boldsymbol{\nu}$ 是单位矢量。

把方程(6.19)、(6.20) 、(6.23)代入方程(6.17)和(6.18)中，忽略地球的自重($g=0$)，经过整理，得到4组球型微分方程组(6.25)和2组环型微分方程组(6.26)：

$$
\begin{cases}
\dfrac{dy_1}{dr}=\dfrac{1}{\beta}\left\{y_2-\dfrac{\lambda}{r}\left[2y_1-n(n+1)y_3\right]\right\}\\
\dfrac{dy_2}{dr}=\dfrac{4}{r}\left(\dfrac{3\kappa\mu}{r\beta}\right)y_1-\dfrac{4\mu}{r\beta}y_2-\dfrac{n(n+1)}{r}\left(\dfrac{6\mu\kappa}{r\beta}\right)y_3+\dfrac{n(n+1)}{r}y_4-F_2\dfrac{\delta(r-r_0)}{r_0^2}\\
\dfrac{dy_3}{dr}=\dfrac{1}{\mu}y_4-\dfrac{1}{r}(y_1-y_3)\\
\dfrac{dy_4}{dr}=-\dfrac{6\mu\kappa}{r^2\beta}y_1-\dfrac{\lambda}{r\beta}y_2+\left\{\dfrac{2\mu}{r^2\beta}\left[(2n^2+2n-1)\lambda+2(n^2+n-1)\mu\right]\right\}y_3\\
\qquad-\dfrac{3}{r}y_4-F_4\dfrac{\delta(r-r_0)}{r_0^2}
\end{cases}
\tag{6.25}
$$

$$\begin{cases}\dfrac{dy_1^t}{dr}=\dfrac{1}{r}y_1^t+\dfrac{1}{\mu}y_2^t\\[2mm]\dfrac{dy_2^t}{dr}=\dfrac{\mu(n-1)(n+2)}{r^2}y_1^t-\dfrac{3}{r}y_2^t-F_2^t\dfrac{\delta(r-r_0)}{r_0^2}\end{cases}\tag{6.26}$$

其中，$\beta=\lambda+2\mu$，$\kappa=\lambda+\dfrac{2}{3}\mu$。

方程组(6.25)和(6.26)的基本解可以解析地表达出来，进一步推导出一组不同于 Love（1911）中的 $\boldsymbol{X}$ 通解。忽略掉繁杂的数学推导过程，可以得到 4 组球型基本解 $y_{ji}(i, j=1, 2, 3, 4)$ 和 2 组环型解 $y_{ji}^t(i, j=1, 2)$。球型解与环型解是相互独立的。

方程组(6.25)的 4 组球型基本解都是解析解：包括 2 组正则解与 2 组非正则解，

$$\begin{pmatrix}y_{11}(r) & y_{12}(r) & y_{13}(r) & y_{14}(r)\\ y_{21}(r) & y_{22}(r) & y_{23}(r) & y_{24}(r)\\ y_{31}(r) & y_{32}(r) & y_{33}(r) & y_{34}(r)\\ y_{41}(r) & y_{42}(r) & y_{43}(r) & y_{44}(r)\end{pmatrix}=$$

$$\begin{pmatrix}-(n+1)r^{-n-2} & -\left[\dfrac{(n+1)\lambda+(n+3)\mu}{(n-2)\lambda+(n-4)\mu}\right]nr^{-n} & \dfrac{n\lambda+(n-2)\mu}{(n+3)\lambda+(n+5)\mu}(n+1)r^{n+1} & nr^{n-1}\\ 2\mu(n+1)(n+2)r^{-n-3} & \dfrac{(n^2+3n-1)\lambda+n(n+3)\mu}{(n-2)\lambda+(n-4)\mu}2\mu nr^{-n-1} & \dfrac{(n^2-n-3)\lambda+(n^2-n-2)\mu}{(n+3)\lambda+(n+5)\mu}2\mu(n+1)r^{n} & 2\mu n(n-1)r^{n-2}\\ r^{-n-2} & r^{-n} & r^{n+1} & r^{n-1}\\ -2\mu(n+2)r^{-n-3} & -\dfrac{(n^2-1)\lambda+(n^2-2)\mu}{(n-2)\lambda+(n-4)\mu}2\mu r^{-n-1} & \dfrac{(n^2+2n)\lambda+(n^2+2n-1)\mu}{(n+3)\lambda+(n+5)\mu}2\mu r^{n} & 2\mu(n-1)r^{n-2}\end{pmatrix}\tag{6.27}$$

类似地，环型基本解(1 组正则解与 1 组非正则解)如下：

$$\begin{pmatrix}y_{11}^t(r) & y_{12}^t(r)\\ y_{21}^t(r) & y_{22}^t(r)\end{pmatrix}=\begin{pmatrix}r^n & -r^{-(n+1)}\\ \mu(n-1)r^{n-1} & \mu(n+2)r^{-(n+2)}\end{pmatrix}\tag{6.28}$$

虽然我们的计算是在球坐标系下进行的，此处，我们使用与 Wang R. 等(2006)半无限空间模型中一致的积分路径，即采用如下公式进行计算：

$$y_j(r)\big|_{r=r_s^+}-y_j(r)\big|_{r=r_s^-}=s_j,\quad j=1, 2, 3, 4\tag{6.29}$$

其中，s 是震源函数，j 代表四种独立点源的个数，该震源函数由 Takeuchi 和 Saito (1972)定义。

为了求地球表面的解，我们引入边界条件：

$$y_2(r)\big|_{r=R}=y_4(r)\big|_{r=R}=0\tag{6.30}$$

$$y(r)\big|_{r=0}<+\infty\tag{6.31}$$

根据震源函数、积分路径以及边界条件，得到如下球型解和环形解方程组：

$$\begin{pmatrix} y_{21}(R) & y_{22}(R) & y_{23}(R) & y_{24}(R) & 0 & 0 \\ y_{41}(R) & y_{42}(R) & y_{43}(R) & y_{44}(R) & 0 & 0 \\ y_{11}(r_s^+) & y_{12}(r_s^+) & y_{13}(r_s^+) & y_{14}(r_s^+) & -y_{13}(r_s^-) & -y_{14}(r_s^-) \\ y_{21}(r_s^+) & y_{22}(r_s^+) & y_{23}(r_s^+) & y_{24}(r_s^+) & -y_{23}(r_s^-) & -y_{24}(r_s^-) \\ y_{31}(r_s^+) & y_{32}(r_s^+) & y_{33}(r_s^+) & y_{34}(r_s^+) & -y_{33}(r_s^-) & -y_{34}(r_s^-) \\ y_{41}(r_s^+) & y_{42}(r_s^+) & y_{43}(r_s^+) & y_{44}(r_s^+) & -y_{43}(r_s^-) & -y_{44}(r_s^-) \end{pmatrix} \begin{pmatrix} \beta_1 \\ \beta_2 \\ \beta_3 \\ \beta_4 \\ \beta_5 \\ \beta_6 \end{pmatrix} = \begin{pmatrix} 0 \\ 0 \\ s_1^{12}(r_s) \\ s_2^{12}(r_s) \\ s_3^{12}(r_s) \\ s_4^{12}(r_s) \end{pmatrix} \tag{6.32}$$

$$\begin{pmatrix} y_{21}^t(r) & y_{22}^t(r) & 0 \\ y_{11}^t(r_s^+) & y_{12}^t(r_s^+) & -y_{11}^t(r_s^-) \\ y_{21}^t(r_s^+) & y_{22}^t(r_s^+) & -y_{21}^t(r_s^-) \end{pmatrix} \begin{pmatrix} \beta_1^t \\ \beta_2^t \\ \beta_3^t \end{pmatrix} = \begin{pmatrix} 0 \\ s_1^{t,\ 12}(r_s) \\ s_2^{t,\ 12}(r_s) \end{pmatrix} \tag{6.33}$$

其中，R 是地球半径，$r_s = (R - r_0)/R$ 代表正则化的震源深度。通过解方程组(6.32)和(6.33)，$\beta_i(i=1,\ 2,\ \cdots,\ 6)$ 和 $\beta_i^t(i=1,\ 2,\ 3)$ 可以被解析地表示出来。进而就可以得到地球内部的位移和应变分量。

$$y_j(r) = \sum_{i=1}^{4} \beta_i y_{ji}(r), \quad j = 1,\ 2,\ 3,\ 4 \tag{6.34}$$

根据上述方法，利用 4 组球型基本解(y)和 2 组环型基本解(y^t)就可以简单直观地表达出地球内部变形的表达式。为了得到地球内部任意层面(h)上的变形，需要考虑两种情况：

(1)当 $h < d_s$ 时，也就是计算面在震源上方时(地表与震源之间)，通过下列方程组可以得到变形值 y：

$$\begin{pmatrix} y_1 \\ y_3 \end{pmatrix} = \begin{pmatrix} y_{11}(r) & y_{12}(r) & y_{13}(r) & y_{14}(r) \\ y_{31}(r) & y_{32}(r) & y_{33}(r) & y_{34}(r) \end{pmatrix} \begin{pmatrix} \beta_1 \\ \beta_2 \\ \beta_3 \\ \beta_4 \end{pmatrix} \tag{6.35}$$

$$y_1^t = \begin{pmatrix} y_{11}^t(r) & y_{12}^t(r) \end{pmatrix} \begin{pmatrix} \beta_1^t \\ \beta_2^t \end{pmatrix}$$

(2)当 $h > d_s$ 时，也就是计算面在震源下方时(震源与球心之间)，通过下列方程组可以得到变形值 y：

$$\begin{pmatrix} y_1 \\ y_3 \end{pmatrix} = \begin{pmatrix} y_{13}(r) & y_{14}(r) \\ y_{33}(r) & y_{34}(r) \end{pmatrix} \begin{pmatrix} \beta_5 \\ \beta_6 \end{pmatrix} \tag{6.36}$$

$$y_1^t = y_{11}^t(r)\beta_3^t$$

通过上述数学推导过程得到所有的 y 值后，就可以利用球函数积分求和得到地球内部任意层面上的 Love 数和格林函数，结果如表 6.1 所示。

表 6.1　**4 个独立点源产生的 Love 数和格林函数**

Love numbers:

$h_n^{ij} = y_1^{n,ij}(r) \cdot R^2$

$l_n^{ij} = y_3^{n,ij}(r) \cdot R^2 \quad ij = 12,32,22,33 \qquad \kappa = \dfrac{\lambda}{\lambda + 2\mu}$

$l_n^{t,n,ij} = y_1^{t,n,ij}(r) \cdot R^2$

ij=12–Strike–Slip, ij=32–Dip–Slip, ij=22–Horizontal tensile, and ij=33–Vertical tensile

GF	走滑	倾滑	水平引张	垂直引张
u_r	$2\sum_{n=2}^{\infty} h_{n2}^{12}P_n^2(\cos\theta)\sin2\varphi$	$-2\sum_{n=1}^{\infty} h_{n1}^{32}P_n^1(\cos\theta)\sin\varphi$	$\sum_{n=0}^{\infty} h_{n0}^{22}P_n(\cos\theta)$	$\sum_{n=0}^{\infty} h_{n0}^{33}P_n(\cos\theta)$
u_θ	$2\sum_{n=2}^{\infty}\left[l_{n2}^{12}\dfrac{\partial P_n^2(\cos\theta)}{\partial\theta} + 2l_{n2}^{t,12}\dfrac{P_n^2(\cos\theta)}{\sin\theta}\right]\sin2\varphi$	$-2\sum_{n=1}^{\infty}\left[l_{n1}^{32}\dfrac{\partial P_n^1(\cos\theta)}{\partial\theta} - l_{n1}^{t,32}\dfrac{P_n^1(\cos\theta)}{\sin\theta}\right]\sin\varphi$	$\sum_{n=0}^{\infty} l_{n0}^{22}\dfrac{\partial P_n(\cos\theta)}{\partial\theta}$	$\sum_{n=0}^{\infty} l_{n0}^{33}\dfrac{\partial P_n(\cos\theta)}{\partial\theta}$
u_φ	$2\sum_{n=2}^{\infty}\left[2l_{n2}^{12}\dfrac{P_n^2(\cos\theta)}{\sin\theta} + l_{n2}^{t,12}\dfrac{\partial P_n^2(\cos\theta)}{\partial\theta}\right]\cos2\varphi$	$-2\sum_{n=1}^{\infty}\left[l_{n1}^{32}\dfrac{P_n^1(\cos\theta)}{\sin\theta} + l_{n1}^{t,32}\dfrac{\partial P_n^1(\cos\theta)}{\partial\theta}\right]\cos\varphi$	0	0
e_{rr}	$2\kappa\sum_{n=2}^{\infty}\left(2h_{n2}^{12} - n(n+1)\,l_{n2}^{12}\right)P_n^2(\cos\theta)\sin2\varphi$	$2\kappa\sum_{n=1}^{\infty}\left(2h_{n1}^{32} - n(n+1)\,l_{n1}^{32}\right)P_n^1(\cos\theta)\sin\varphi$	$\kappa\sum_{n=0}^{\infty}\left[-h_{n0}^{22} + n(n+1)l_{n0}^{22}\right]P_n(\cos\theta)$	$\kappa\sum_{n=0}^{\infty}\left[-h_{n0}^{33} + n(n+1)l_{n0}^{33}\right]P_n(\cos\theta)$

续表

GF	走滑	倾滑	水平引张	垂直引张
$e_{\theta\theta}$	$2\sum_{n=2}^{\infty}\left[-l_{n2}^{12}\frac{\mathrm{d}^2P_n^2(\cos\theta)}{\mathrm{d}\theta^2}-h_{n2}^{12}P_n^2(\cos\theta)-2l_{n2}^{t,12}\left(\frac{1}{\sin\theta}\frac{\mathrm{d}P_n^2(\cos\theta)}{\mathrm{d}\theta}-\frac{\cos\theta}{\sin^2\theta}P_n^2(\cos\theta)\right)\right]\sin2\varphi$	$2\sum_{n=1}^{\infty}\left[-l_{n1}^{32}\frac{\mathrm{d}^2P_n^1(\cos\theta)}{\mathrm{d}\theta^2}-h_{n1}^{32}P_n^1(\cos\theta)-l_{n1}^{t,32}\left(\frac{1}{\sin\theta}\frac{\mathrm{d}P_n^1(\cos\theta)}{\mathrm{d}\theta}-\frac{\cos\theta}{\sin^2\theta}P_n^1(\cos\theta)\right)\right]\sin\varphi$	$\sum_{n=0}^{\infty}\left[l_{n0}^{22}\frac{\mathrm{d}^2P_n(\cos\theta)}{\mathrm{d}\theta^2}+h_{n0}^{22}P_n(\cos\theta)\right]$	$\sum_{n=0}^{\infty}\left[l_{n0}^{33}\frac{\mathrm{d}^2P_n(\cos\theta)}{\mathrm{d}\theta^2}+h_{n0}^{33}P_n(\cos\theta)\right]$
$e_{\varphi\varphi}$	$2\sum_{n=2}^{\infty}\left\{\frac{l_{n2}^{12}}{\sin\theta}\left(\frac{4P_n^2(\cos\theta)}{\sin\theta}-\cos\theta\frac{\mathrm{d}P_n^2(\cos\theta)}{\mathrm{d}\theta}\right)-h_{n2}^{12}P_n^2(\cos\theta)+2\frac{l_{n2}^{t,12}}{\sin\theta}\left(\frac{\mathrm{d}P_n^2(\cos\theta)}{\mathrm{d}\theta}-\cot\theta P_n^2(\cos\theta)\right)\right\}\sin2\varphi$	$2\sum_{n=1}^{\infty}\left\{\frac{l_{n1}^{32}}{\sin\theta}\left(\frac{P_n^1(\cos\theta)}{\sin\theta}-\cos\theta\frac{\mathrm{d}P_n^1(\cos\theta)}{\mathrm{d}\theta}\right)-h_{n1}^{32}P_n^1(\cos\theta)+\frac{l_{n1}^{t,32}}{\sin\theta}\left(\frac{\mathrm{d}P_n^1(\cos\theta)}{\mathrm{d}\theta}-\cot\theta P_n^1(\cos\theta)\right)\right\}\sin\varphi$	$\sum_{n=0}^{\infty}\left[\cot\theta l_{n0}^{22}\frac{\mathrm{d}P_n(\cos\theta)}{\mathrm{d}\theta}+h_{n0}^{22}P_n(\cos\theta)\right]$	$\sum_{n=0}^{\infty}\left[\cot\theta l_{n0}^{33}\frac{\mathrm{d}P_n(\cos\theta)}{\mathrm{d}\theta}+h_{n0}^{33}P_n(\cos\theta)\right]$
$e_{\theta\varphi}$	$2\sum_{n=2}^{\infty}\left\{\frac{4l_{n2}^{12}}{\sin\theta}\left(-\frac{\mathrm{d}P_n^2(\cos\theta)}{\mathrm{d}\theta}+\cot\theta P_n^2(\cos\theta)\right)+l_{n2}^{t,12}\left(\cot\theta\frac{\mathrm{d}P_n^2(\cos\theta)}{\mathrm{d}\theta}-\frac{4P_n^2(\cos\theta)}{\sin^2\theta}-\frac{\mathrm{d}^2P_n^2(\cos\theta)}{\mathrm{d}\theta^2}\right)\right\}\cos2\varphi$	$2\sum_{n=1}^{\infty}\left\{\frac{2l_{n1}^{32}}{\sin\theta}\left(-\frac{\mathrm{d}P_n^1(\cos\theta)}{\mathrm{d}\theta}+\cot\theta P_n^1(\cos\theta)\right)+l_{n1}^{t,32}\left(\cot\theta\frac{\mathrm{d}P_n^1(\cos\theta)}{\mathrm{d}\theta}-\frac{P_n^1(\cos\theta)}{\sin^2\theta}-\frac{\mathrm{d}^2P_n^1(\cos\theta)}{\mathrm{d}\theta^2}\right)\right\}\cos\varphi$	0	0

根据新的内部Love数公式，可以得到4个独立点源产生的地球内部任意位置处的位移变化(u_r，u_θ，u_φ)和应变变化(e_{rr}，$e_{\theta\theta}$，$e_{\varphi\varphi}$，$e_{\theta\varphi}$)，但在我们的定义中，震源点是一个不连续点，该点处的变形不考虑。同样地，我们采用有限断层可以划分成无数子断层的原理计算有限断层引起的地球内部变形。尽管我们的解是以球函数的形式表示的，但这些位移分量仍是解析解。这意味着我们可以计算地球内部任意球面上的同震变形。在实际计算中，对于独立点源产生的地球内部变形来说，我们只需要输入震源深度d_s，内部层面深度h，以及半径R即可。虽然我们的内部变形计算方法是基于均质球模型的，但它代表了位错理论在地球内部变形应用中的一大进步，也为分层球形模型的地球内部变形计算提供了参考。

由于球形位错理论的复杂性，它使用的是球函数无穷级数的积分求和，格林函数的计算时间比较长，为了保证精度同时缩短计算时间，之前的位错理论中都使用了$n_{\max}=10\cdot R/d_s$截断，并且在接近震源处的变形是不收敛的。在本方法中，虽然最后的格林函数仍是球函数积分，但由于中间我们推导的基本解是解析的，所以在最后的计算中我们的公式可以计算到任意高阶，并且计算速度很快，不需要采用任何数值技巧来处理。比如当我们考虑20km处的一个点源在19.5km处产生的变形时，至少需要计算到$n_{\max}=127420$阶，数值计算中对于100000阶以上的计算需要的时间是很长的，而且容易发散；我们的方法可以快速地计算到150000阶并且是收敛的。Takagi和Okubo (2017)也研究了均质球模型的地球内部变形问题，但他们使用的是Love (1911)的基本解，存在震源附近不收敛的问题，但使用了渐进解代替。

6.2.2　点源引起的地球内部位移和应变变化

根据我们的方法，计算出4个独立点源($d_s=20$km)产生的地球内部位移和应变变化，点源采用$UdS/R^2=1$的正则化因子，为了展示不同深度的地球内部变形结果，我们分别计算了震源上方($h=0$km，$h=2$km，$h=12$km)和震源下方($h=28$km，$h=40$km)两部分的变形结果，$h=0$km代表了地表的变形结果，$h=12$km和$h=28$km是距离震源($d_s=20$km)相同距离的两个计算面。

虽然地震学家经常研究地表面的变形，但从图6.3可看出，地球内部的位移变化要比地表的位移大得多，$h=12$km处的变形振幅比2倍的地表变形都大；而距离震源同等距离的上下面，它们的振幅并不完全一致；对于走滑、水平引张和垂直引张点源，径向位移(u_r)的符号跟计算面在震源的上方还是下方有关系，而水平位移(u_θ，u_φ)的符号与计算面的位移无关，始终保持不变；对于倾滑点源来说，正好相反，径向位移符号始终不变，水平位移的符号在震源上、下方相反。

对于应变结果，与位移相似，距离震源越近，它的振幅越大，随着震源距的增加，应变的振幅衰减得非常快，对于震源上、下方距离一样的计算面，应变结果也不完全一致，地球内部的变形要比地表的变形大得多，研究地震的孕震特征及内部应力转移、积累过程，离不开地球的内部变形理论。

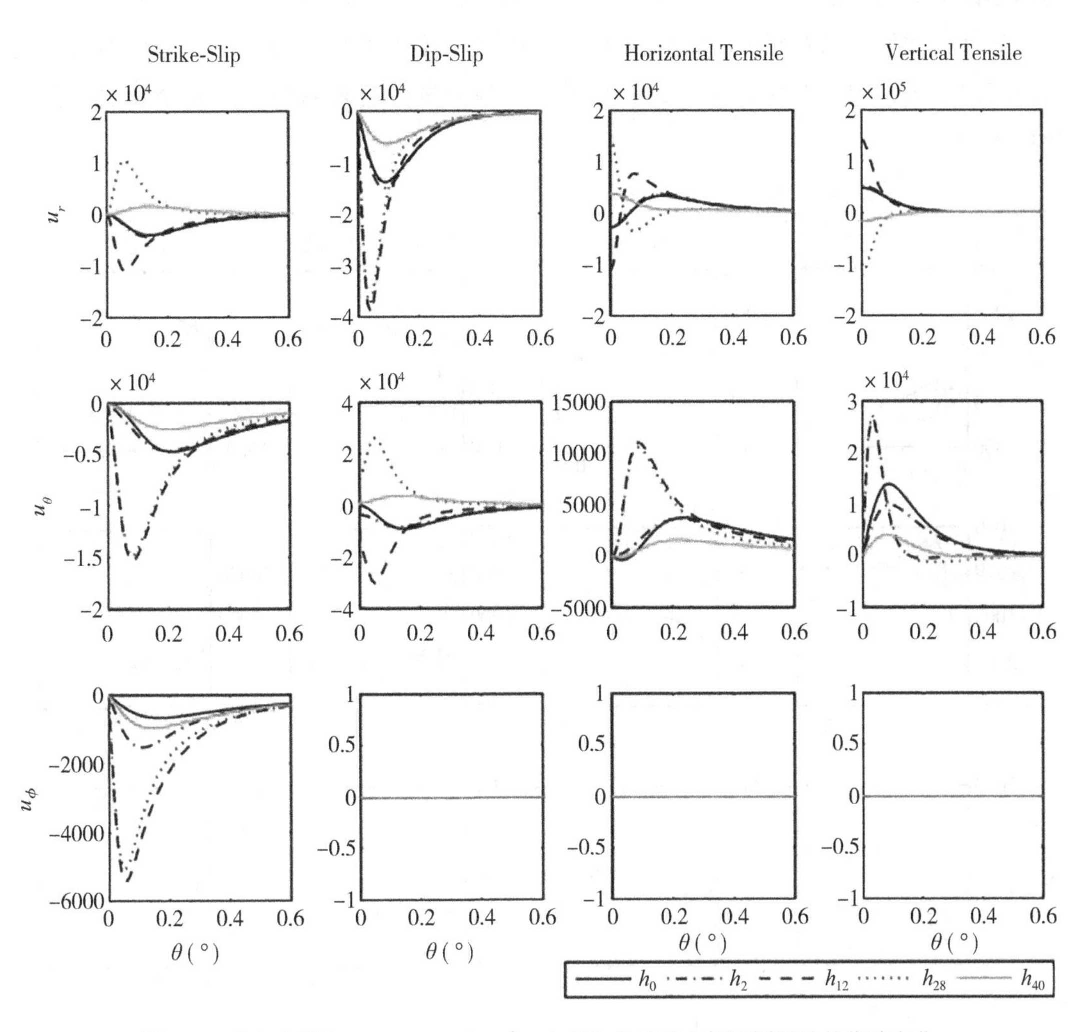

图 6.3　独立点源(d_s=20km，$UdS/R^2=1$)产生的地球内部不同深处的位移变化

为了更直观地展示地球内部球面上的变形，假设地球北极的一个走滑点源（Sun，Okubo，1993），根据上面的公式，计算得到一个浅源地震(d_s=20km)与一个深源地震(d_s=637km)产生的地球内部 h=1000km 和 h=2500km 处的位移。图 6.5 显示的是 20km 的浅源与 637km 的深源地震在 h=1000km 处的径向位移；图 6.6 显示的是 20km 的浅源与 637km 的深源地震在 h=2500km 处的径向位移。

图 6.5 与图 6.6 都显示出地球内部同震位移呈四象限分布，类似于地表的变形特

征。图 6.5(a)与图 6.5(b)显示深源点源(d_s=637km)产生的径向位移值大于浅源点源(d_s=20km)产生的径向位移值，这是因为 637km 处的点源更接近于 h=1000km 的内部球面。另外，随着震中距(θ)的增加，两者的位移值迅速衰减。图 6.6 显示 h=2500km 内部球面上的同震位移要比 h=1000km 的球面小很多，这是由前者距离震源较远导致的。另外，我们可以看到 h=2500km 球面上的变形覆盖了很大的范围，这是因为研究面离震源越远，同震变形越弱。也就是说，高频分量会越来越弱，低频分量逐渐占主导位置。

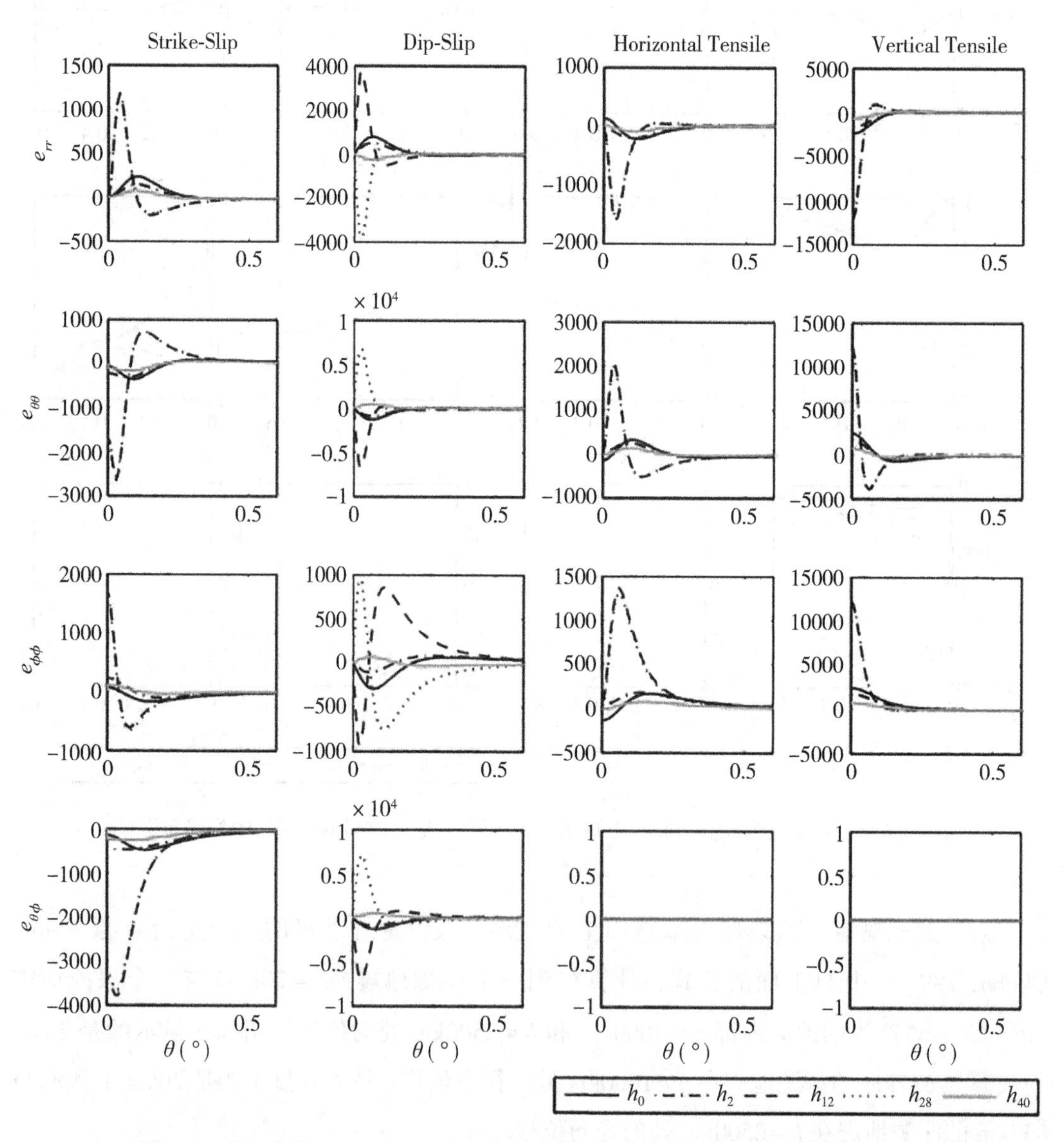

图 6.4　独立点源(d_s=20km, Ud_s/R^2=1)产生的地球内部不同深处的应变变化

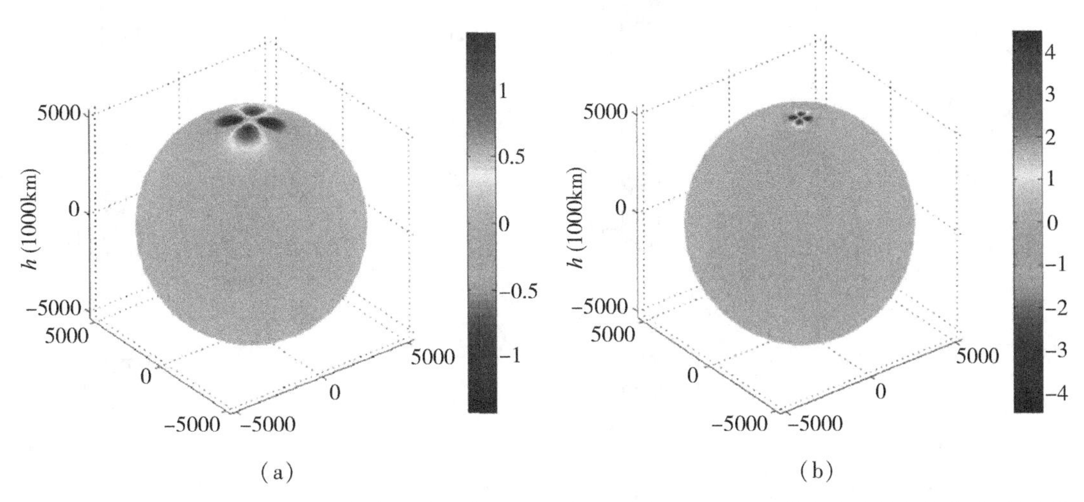

图 6.5　20km (a) 与 637km (b) 深的走滑点源($Ud_s/R^2 = 1$)在 h=1000km 处产生的径向位移值(单位是无量纲)

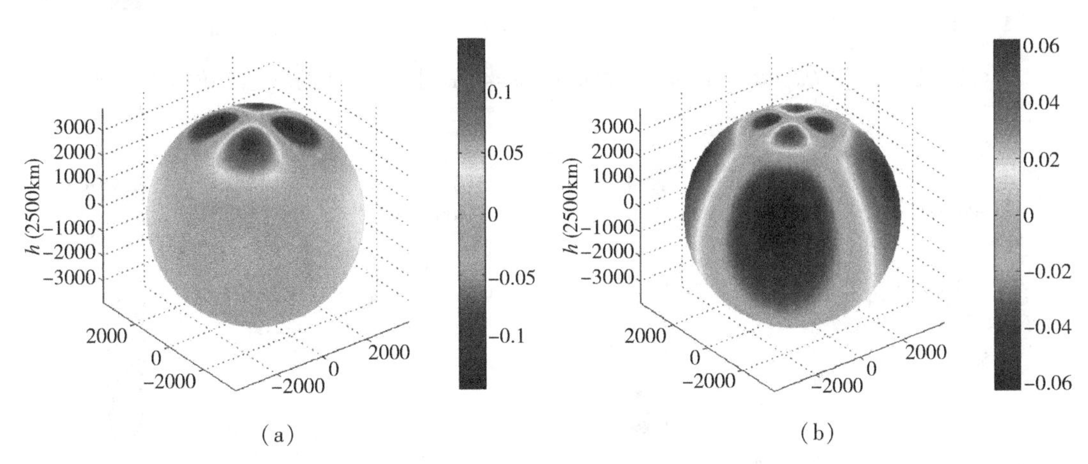

图 6.6　20km (a) 与 637km (b) 深的走滑点源($Ud_s/R^2 = 1$)在 h=2500km 处产生的径向位移值(单位是无量纲)

对于应变变化，我们直接给出它的四象限结果图进行分析，图 6.7~图 6.10 分别为 20km 处的 4 个独立点源在 h=40km 球面上产生的应变变化，对于走滑点源，e_{rr}、$e_{\varphi\varphi}$ 分量在第 1、3 象限上升，2、4 象限下沉，而 $e_{\theta\theta}$、$e_{\theta\varphi}$ 的变形特征正好相反；对于倾滑点源，当纬度为正时 e_{rr} 下沉，当纬度为负时 e_{rr} 上升，其他的应变分量正好相反；对于水平引张和垂直引张源，应变在四个象限中是一样的，而引张源的 $e_{\theta\varphi}$ 等于 0(彩图 6.7 见附录)。

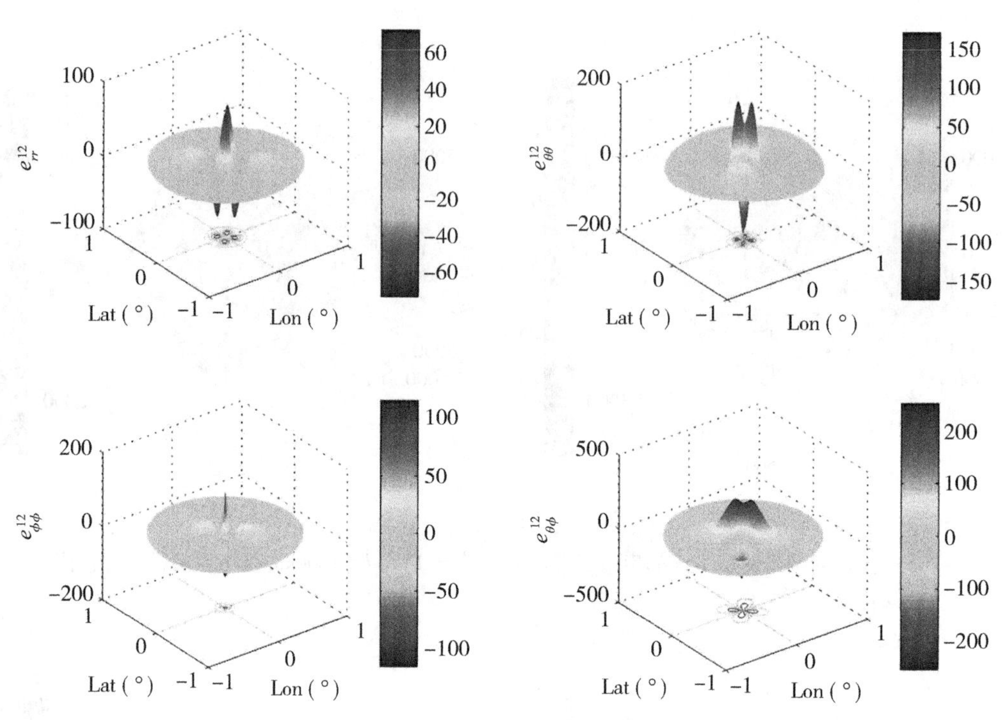

图 6.7　走滑点源($Ud_s/R^2 = 1$, $d_s = 20$km)在 h=40km 球面上产生的应变(单位是无量纲)

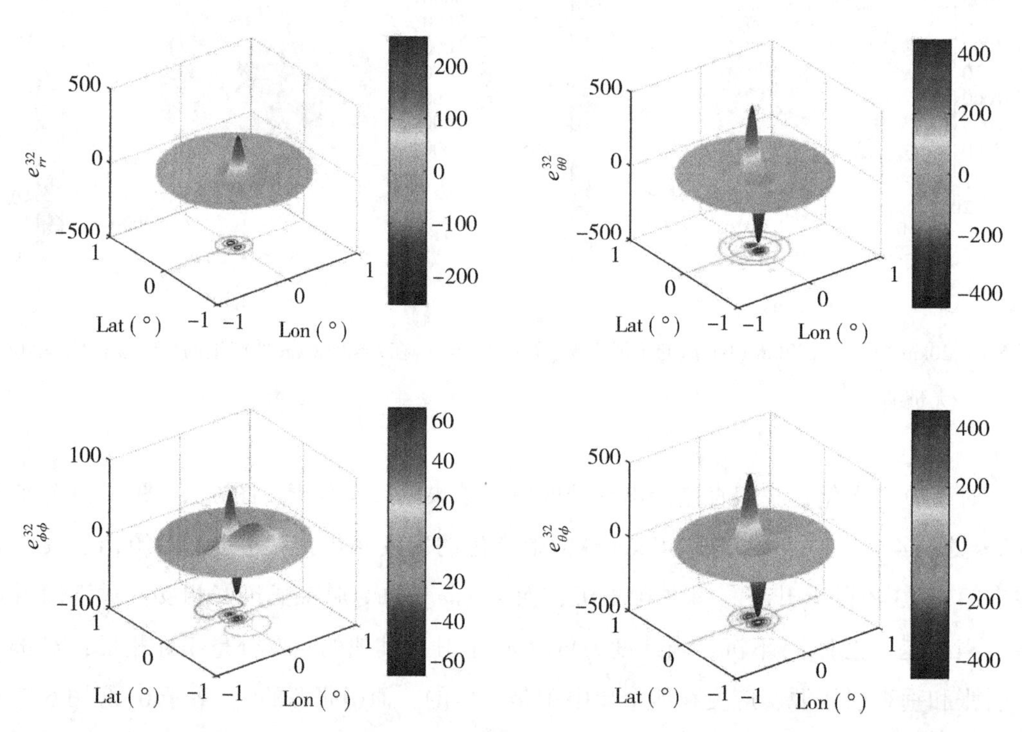

图 6.8　倾滑点源($Ud_s/R^2 = 1$, $d_s = 20$km)在 h=40km 球面上产生的应变(单位是无量纲)

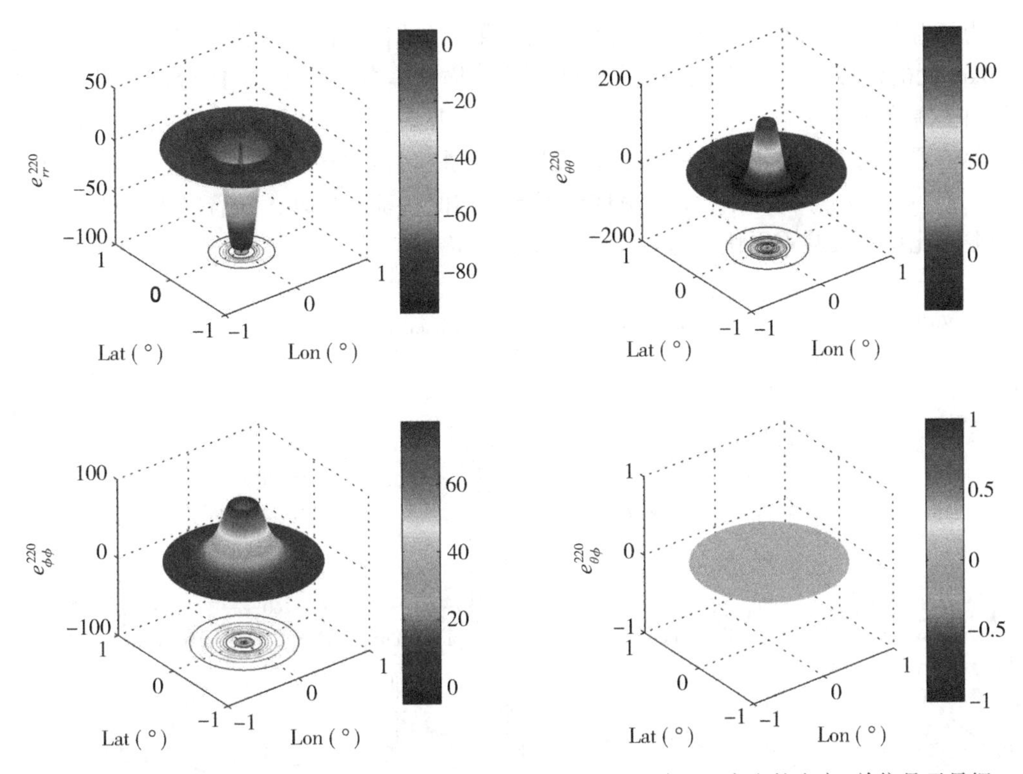

图 6.9 水平引张点源($Ud_s/R^2=1$, $d_s=20$km)在 $h=40$km 球面上产生的应变(单位是无量纲)

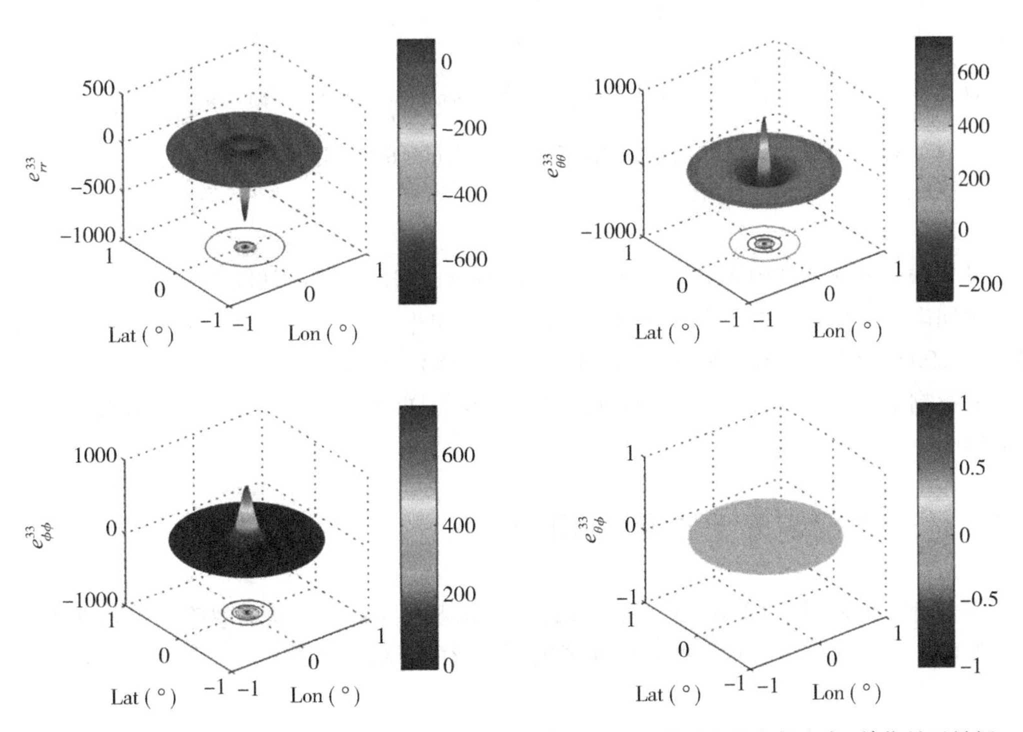

图 6.10 垂直引张点源($Ud_s/R^2=1$, $d_s=20$km)在 $h=40$km 球面上产生的应变(单位是无量纲)

为了直观地展示地球内部径向剖面上的结果，我们给出4个独立点源(20km)产生的0~60km处的位移和应变变化，如图6.11所示，均为震中角距$\theta=0.1°$处的结果，对于走滑和引张源产生的u_θ、u_φ、e_{rr}、$e_{\theta\theta}$、$e_{\varphi\varphi}$、$e_{\theta\varphi}$在震源上、下方的变形比较相似，但在距震源相等位置处的变形并不完全一致；相反地，走滑和引张源的径向位移u_r和倾滑源产生的u_θ、u_φ、e_{rr}、$e_{\theta\theta}$、$e_{\varphi\varphi}$、$e_{\theta\varphi}$似乎呈现出了点对称的特征。另外，随着震中距的增加，应变的振幅比位移衰减得更快，这种现象与应变的定义有关。

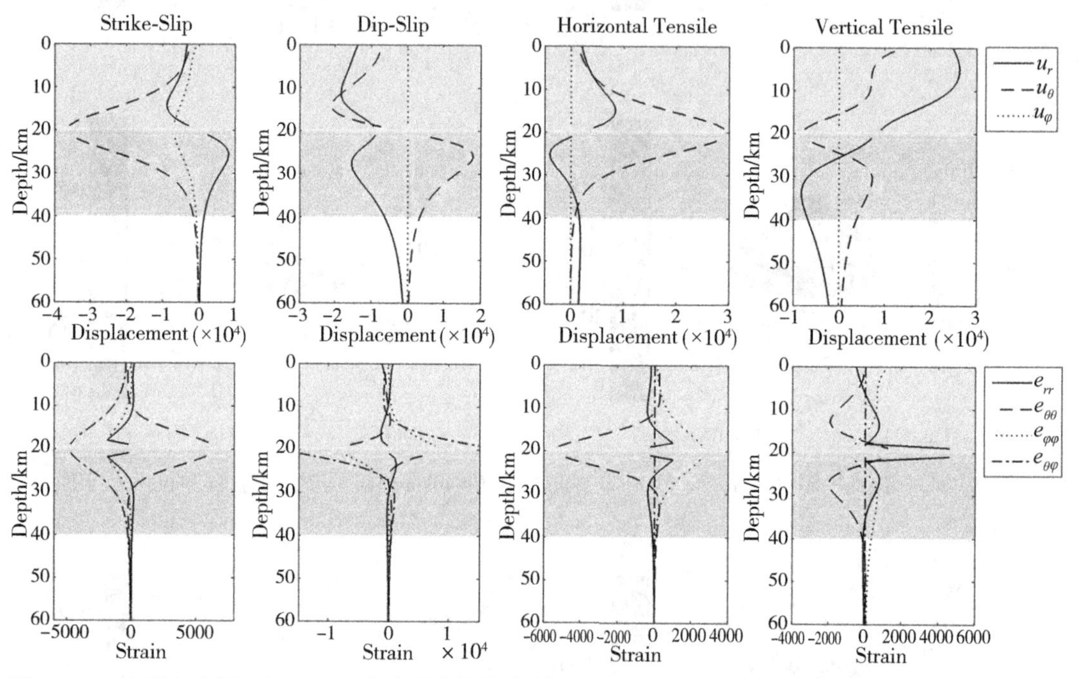

图6.11　4个独立点源(d_s=20km)在地球内部径向剖面上(0~60km)产生的位移(u_r，u_θ，u_φ)和应变(e_{rr}，$e_{\theta\theta}$，$e_{\varphi\varphi}$，$e_{\theta\varphi}$)变化

基于球模型的地球内部变形，我们还可以研究地球曲率对内部同震变形的影响，在之前地表同震变形的研究中，层状构造的影响要比曲率的影响大得多(Pollitz，1996；Sun，Okubo，2002；Melini et al.，2008；Dong J. et al.，2014)。Dong J.等(2014)发现曲率对地表位移的影响不超过5%，基于本章的研究内容，我们详细分析一下曲率对地球内部同震变形的影响。

6.3　地球内部变形受曲率的影响大小

许多研究都采用了Okada(1985，1992)的半无限空间模型，从而忽略了地球曲率的影响，然而，我们的结果显示，曲率对地球内部变形的影响是非常大的，无论是在近场还是在远场。

6.3.1 曲率对横向球面上同震位移的影响

为了展示曲率对不同深度球面上变形的影响，我们分别考虑 30km 和 637km 处的走滑点源($UdS/R^2=1$)，利用新的方法和 Okada (1992) 的半无限空间理论，分别计算它们在地球内部不同深度球面上的径向位移，如图 6.12 与图 6.13 所示，实线代表半无限空间理论的计算结果，虚线代表球模型下的计算结果，由于两种理论都是解析的结果，所以两者的差便是曲率的影响。球模型理论中，震源为间断面，故图中没有给出震源处(30km 处以及 637km 处)的位移值。

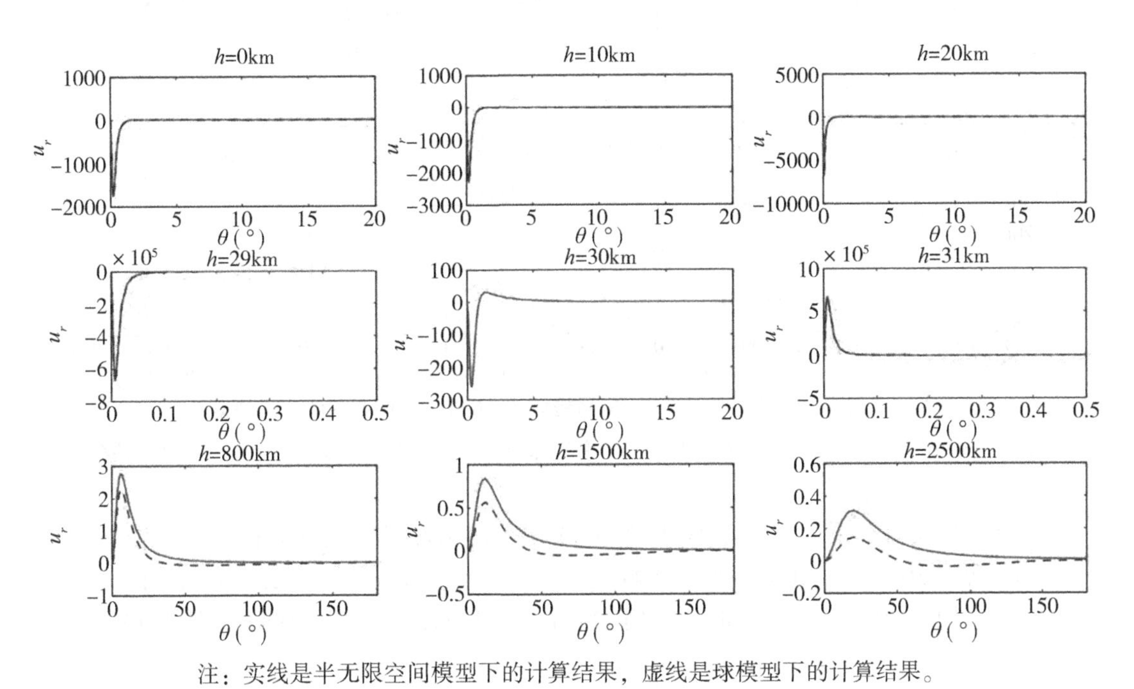

注：实线是半无限空间模型下的计算结果，虚线是球模型下的计算结果。

图 6.12 30km 的走滑点源($Ud_s/R^2=1$)在地球内部不同深度(h)球面上产生的径向位移

图 6.12 显示出地球内部最大的同震位移发生在接近震源处，对于 30km 的点源来说，它的最大位移能达到 10^5 量级，然而随着距离的拉长，位移又衰减的特别快。而且图中显示的两种理论下的位移计算差异并不是特别明显，但地表的实际百分比数值差异有 1.2%。随着研究面的深度增大，曲率产生的影响越来越大，地下 2500km 深处的变形差异已达到了 50%。当震源深度在 637km 时(图 6.13)，曲率影响变得更大，我们可以很直观地看出来，除了在震源附近几千米的变形差异比较小外，其他深度处的差异都很大，地下 2500km 深处的变形差异达到 75%，也就是说，震源越深，位移受到的曲率影响越大。

我们定量地来研究这个问题，利用下面的公式计算地球内部变形受到的曲率影响大小：

$$\varepsilon=\frac{|\boldsymbol{u}^{(s)}|-|\boldsymbol{u}^{(h)}|}{|\boldsymbol{u}^{(h)}|_{\max}} \tag{6.37}$$

式中，$\boldsymbol{u}^{(s)}$ 是球模型下的位移计算值，$\boldsymbol{u}^{(h)}$ 是半无限空间模型下的位移计算值，$|\boldsymbol{u}^{(h)}|_{\max}$ 代表位移的振幅最大值。

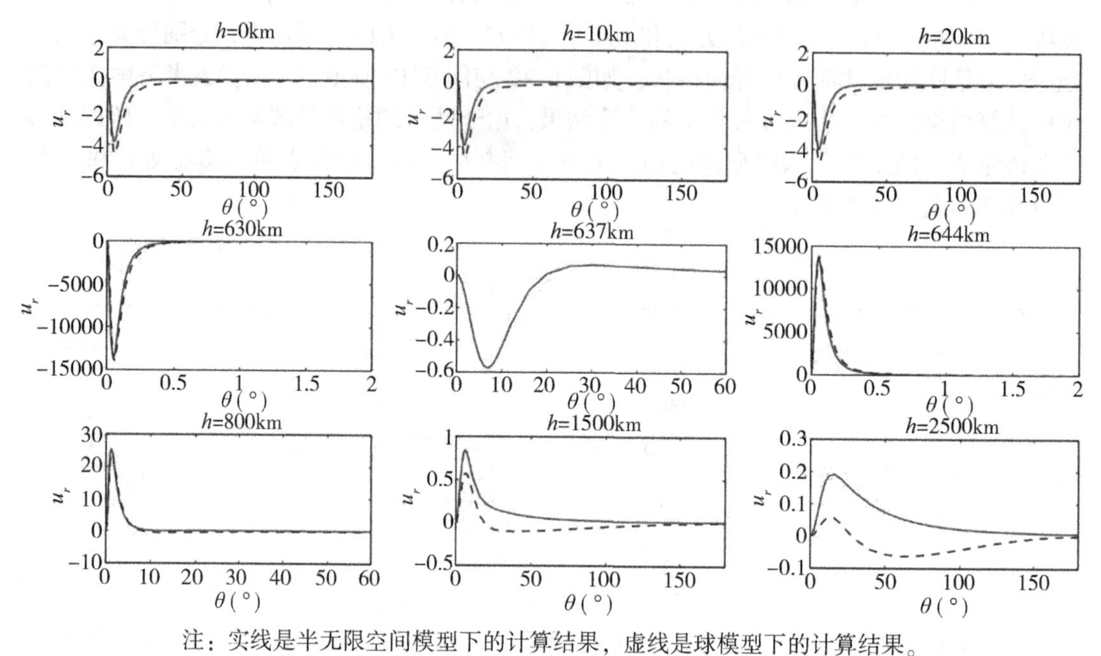

注：实线是半无限空间模型下的计算结果，虚线是球模型下的计算结果。

图 6.13　637km 的走滑点源（$Ud_s/R^2 = 1$）在地球内部不同深度（h）球面上产生的径向位移

曲率计算结果分别绘于图 6.14 与图 6.15 中，两幅图显示地球表面的曲率影响非常小，当震源在 30km 时，地表的曲率影响是 1.2%，这与 Dong J. 等(2016) 给出的结果一致，地表、地下 10km、地下 20km、地下 29km、地下 31km、地下 800km、地下 1500km、

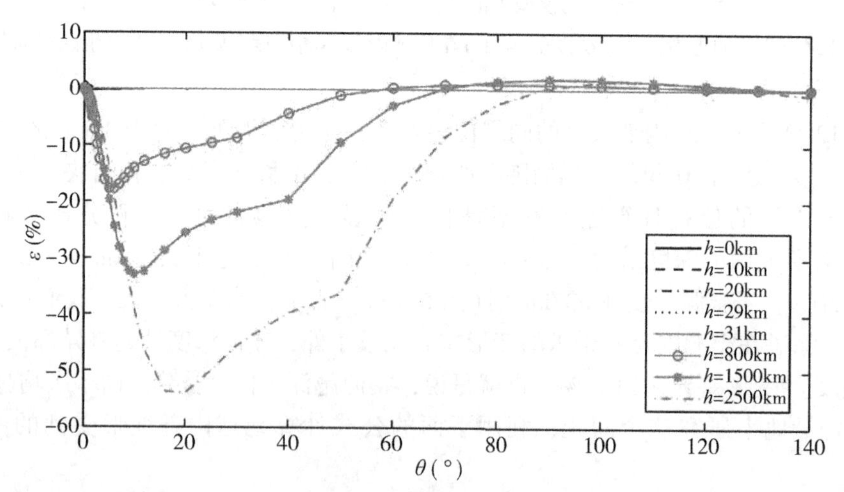

图 6.14　30km 的走滑点源（$Ud_s/R^2 = 1$）在地球内部不同深度（h）球面上产生的位移受到的曲率影响

地下2500km深处位移受到的曲率影响分别是1.2%、1.1%、0.7%、0.4%、0.4%、18%、33%、和54%；同时，我们可以看出研究面距震源越远，受到的曲率影响(ε)就越大，它们的关系可以表示成 $\varepsilon \propto |h - ds|$。对于637km处的震源产生的地球内部位移变化来说，地表、地下10km、地下30km、地下630km、地下644km、地下800km、地下1500km、地下2500km深处的位移受到的曲率影响分别是26.1%、26%、25.8%、11.6%、10.4%、12.2%、34%、75%。

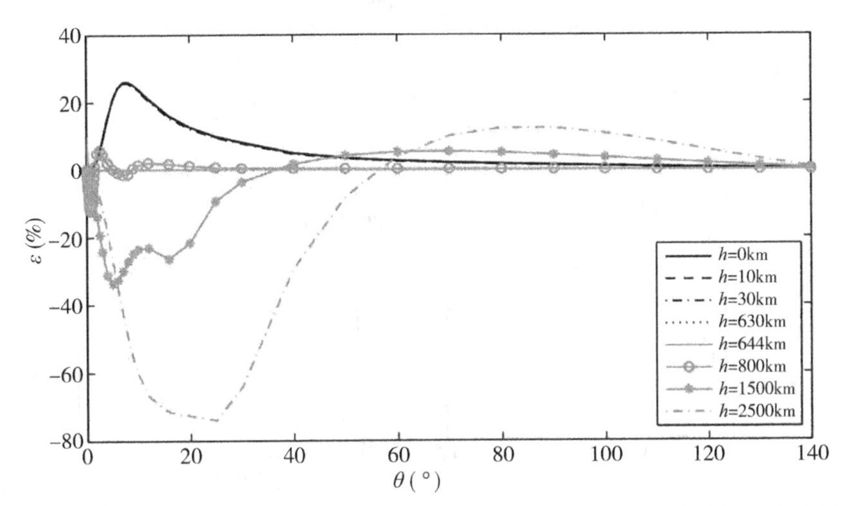

图6.15 637km的走滑点源($Ud_s/R^2 = 1$)在地球内部不同深度(h)球面上产生的位移受到的曲率影响

综上所述，地球内部变形的研究结果显示，震源上方与下方的同震位移符号相反；地表同震变形从整体上看并不是最大的，震源附近一定区域内的变形才是最大的，随震源距的增加而衰减，但是受到的曲率影响却是随震源距的增加而增大；相对而言，深源地震产生的地球内部变形受到的曲率影响更大。

6.3.2 曲率对径向剖面上同震位移的影响

图6.16是20km处的走滑点源($UdS/R^2=1$)分别在均质球模型和均质半无限空间模型下产生的径向位移变化，我们分别考虑一个近场变形($\theta=0.1°$)和一个远场变形($\theta=16°$)，根据震中距与震中角距的关系 $l \approx 20000 \cdot \theta/180$， $l_{\theta=0.1°} \approx 11$km属于近场，$l_{\theta=16°} \approx 1778$km属于远场，图中球模型和半无限空间模型的差异就是曲率的影响。在近场变形中，由于地球浅部(0~60km)和深部(1000~3000km)的变形结果相差有7个量级，我们将近场的变形截取3个深度显示于图6.16左侧，在浅部的变形中，曲率影响是比较小的(图6.16(a))，随着深度的增加曲率的影响在 $h=1000$km时达到了30%。在远场($l_{\theta=16°} \approx 1778$km)的变形中，内部剖面上的位移衰减得比较慢，但曲率的影响却很大，在地表曲率的影响达到77%，说明在研究地球内部变形时，无论是近场还是远场变形，曲率的影响都是非常重要、不可忽略的。

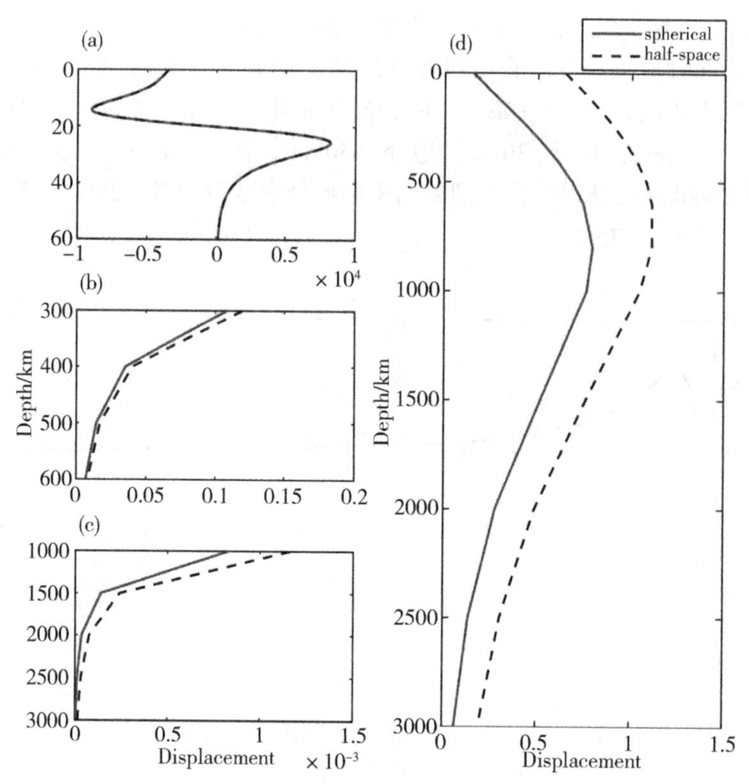

注：图(a)(b)(c)是在 θ = 0.1° 的剖面上，图(d)是在 θ = 16° 的剖面上

图 6.16　走滑点源(d_s=20km，$Ud_s/R^2=1$)分别在球模型和半无限空间模型下产生的径向位移剖面结果

6.4　大地震引起的地球内部变形

在实际应用中，必须考虑有限断层引起的内部变形。基于上述点源模拟结果，研究2011年日本东北大地震(M_W9.0)和2015年尼泊尔地震(M_W 7.8)的有限断层产生的地球内部变形。这两次地震都属于逆冲型地震，地处复杂的板块交界处，给当地的人民带来了巨大灾害，研究此地震产生的地球内部变形对理解地震的孕育、循环过程等具有重要意义。

6.4.1　2011年日本东北大地震引起的地球内部位移变化

2011年日本东北大地震(M_W 9.0)发生于日本东海岸，处于地震频发的太平洋板块与北美板块之间，并且经过菲律宾板块，一直俯冲到欧亚板块下，地形十分复杂。关于此次地震的背景在第3章已说明，此处不再赘述。

我们采用USGS网站公布的断层滑动数据，共325个子断层，子断层深度贯穿于7~50km，断层滑动模型如图6.17所示。由于球模型下的有限断层计算还存在困难，我们在半无限空间模型下，计算此次地震引起的地球内部不同深度处的同震垂直位移与水平位移结果，为了观察位移的运动趋势，我们计算近场——日本地区的变形，其地表的变形结果绘于图 6.18。为了观察不同深度处的位移走向，我们分别研究地球浅部与深部的变形：在地球浅部的研究中采用同样的色标尺寸，即地球内部 10km、20km、30km 的变形结果绘于图 6.19；而地球深部的位移比较小，在研究中采用另一个色标尺寸，即 50km、100km、300km 的变形结果绘于图 6.20。

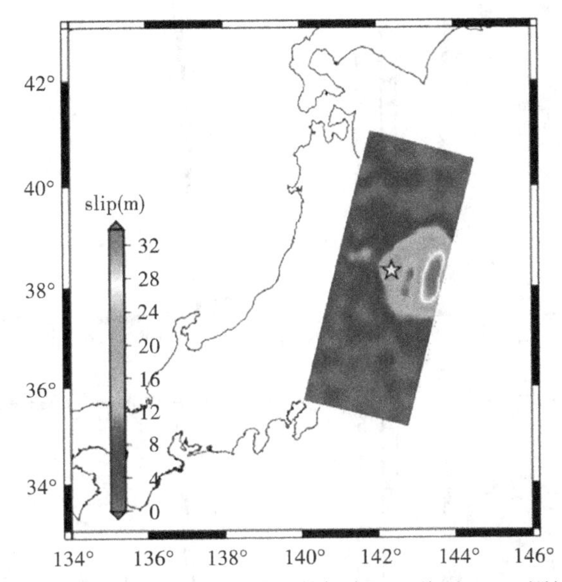

注：五角星是震中，断层模型数据来源于美国 USGS 网站。

图 6.17 2011 年日本东北大地震的断层滑动分布模型示意图

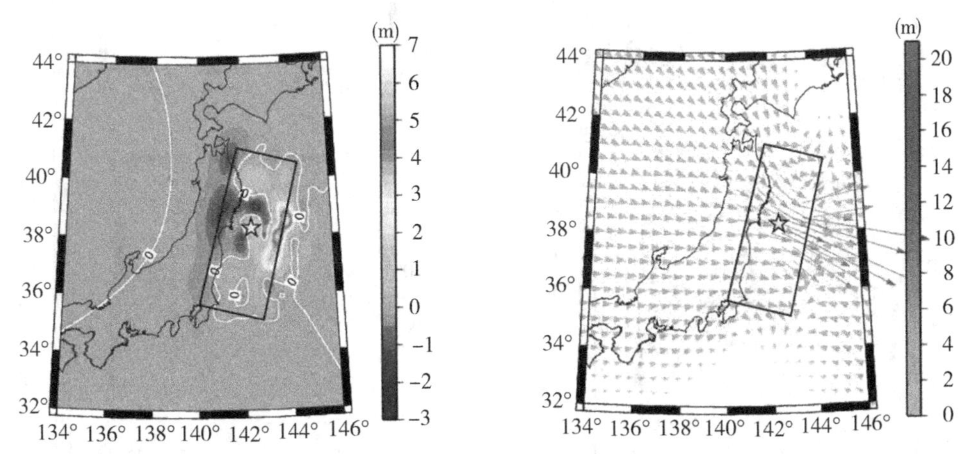

注：黑色方框是断层线，五角星是震中，0 等高线代表了垂直位移的正负交界线。

图 6.18 2011 年日本东北大地震产生的地表同震垂直位移(左图)和水平向位移(右图)示意图

图 6.18 中显示的地表垂直位移(左图)的最大值(6.45m)与最小值(-1.63m)有 8m 的差距，而断层左侧下沉，右侧上升，这完全体现了逆冲型地震的走向趋势。右图水平位移的结果显示，最大位移发生在断层右侧，与断层模型的最大滑动处相吻合。研究面的西北

部整个区域向震中处移动挤压，同时东南部也向震中挤压，导致断层附近因受到应力积累、俯冲挤压，释放能力而产生巨大位移，最大发生了 16.5m 的变形。

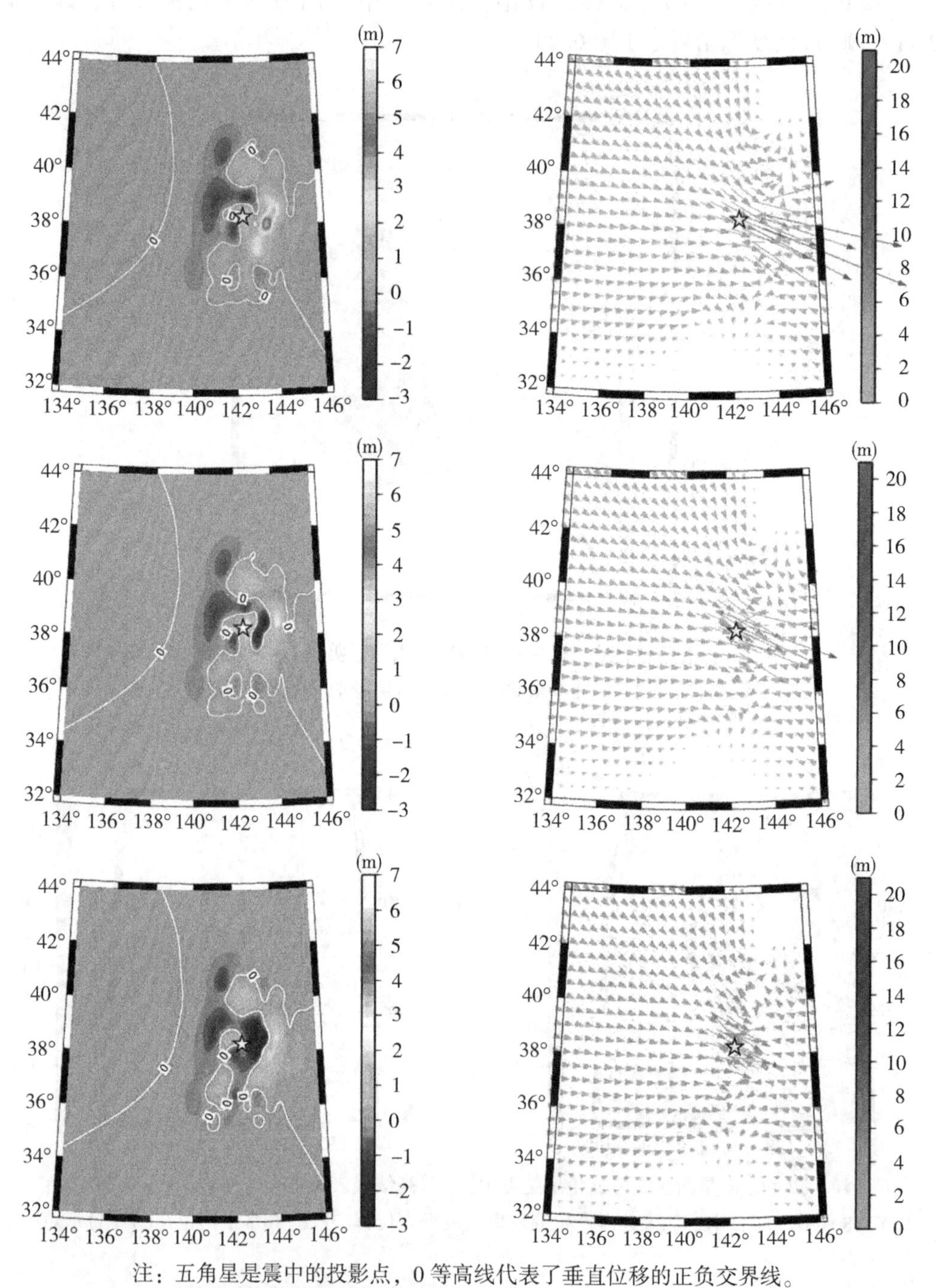

注：五角星是震中的投影点，0 等高线代表了垂直位移的正负交界线。

图 6.19　2011 年日本东北大地震在地球内部 10km(第一行图)、20km(第二行图)、30km(第三行图)深处产生的同震垂直位移(左列图)和水平向位移(右列图)

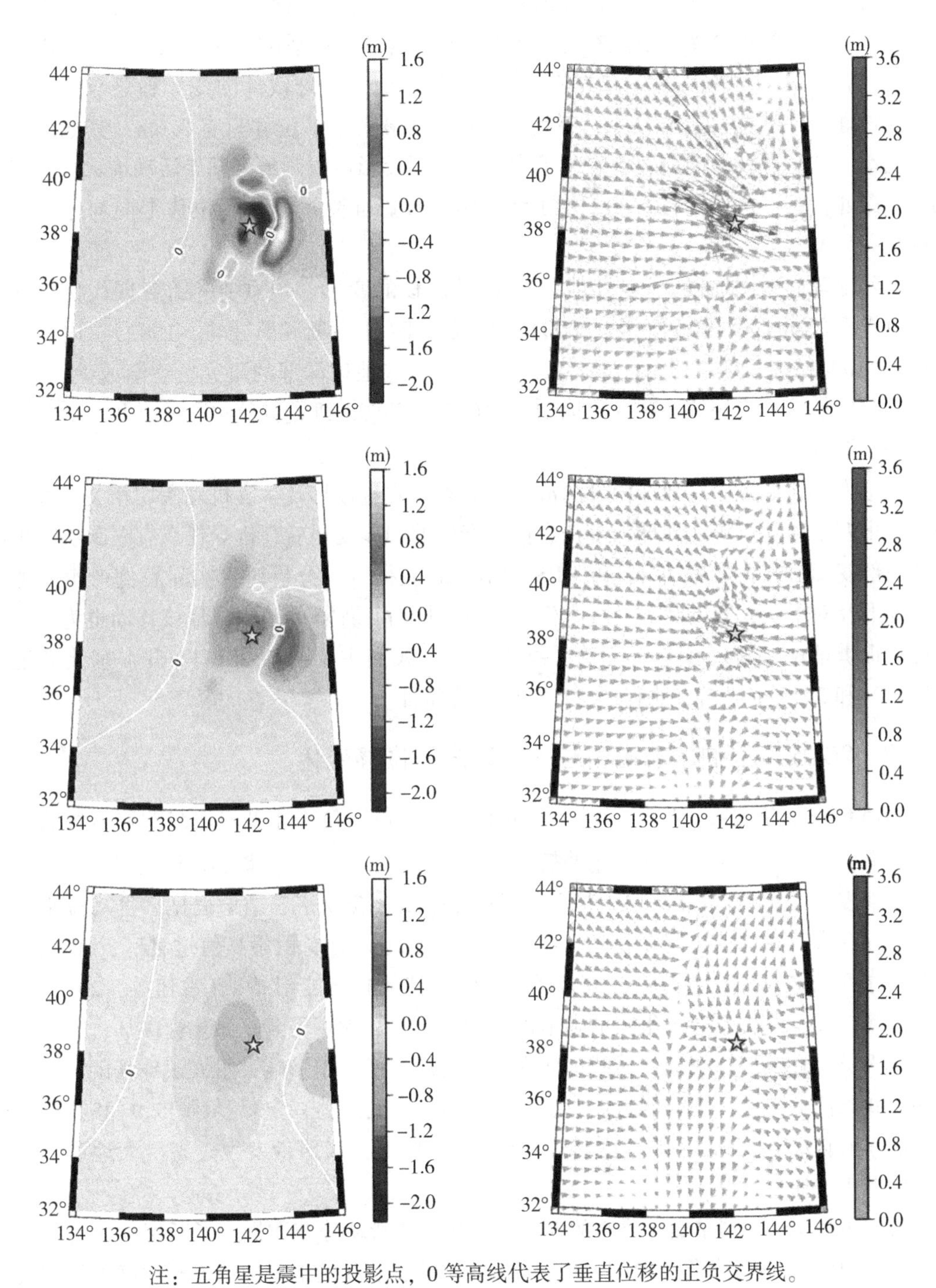

注：五角星是震中的投影点，0 等高线代表了垂直位移的正负交界线。

图 6.20 2011 年日本东北大地震在地球内部 50km(第一行图)、100km(第二行图)、300km(第三行图)深处产生的同震垂直位移(左列图)和水平向位移(右列图)

通常地表的变形是科学家们研究的对象，然而对比图 6.18、图 6.19 发现，从地表到地球内部，最大的位移变形发生在地下 10km 处，其最大水平位移为 20.5m，这是由于断层深度分布比较广，地表不一定是最大的受力区，但是地球浅部的变形趋势与地表的一致；而地球深部的位移值非常小，在地下 50km 处最大水平位移只有 3.6m，其他深度的变形更小，并且位移走向趋势也发生了变化，震源投影点右侧地带开始活动增大，尤其在 300km 深处，垂直位移只有下沉一种走势，断层投影面附近的水平位移走向与地表完全相反。

实际地球内部深地幔、核幔边界、外核及内核的变形都很重要，随着现代科学的发展，莫霍面起伏（熊熊和许厚泽，2000）、地幔对流（傅容珊和黄建华，1993）、内核运动（Song，Richards，1996；Zhang J. et al.，2005）等这些地球深部的研究也逐渐成熟。然而，地震引起的外核、内核等地球深部运动，用球形内部变形理论计算更合适一些，此部分研究还需要继续开发。

地球内部变形理论与地球内部的流变学原理、质量迁移及孕震机理密切相关，我们在完整给出四个独立点源在地球内部任意位置产生的同震变化后，推导任意有限断层产生的地球内部变形公式，最后结合连续 GPS、GRACE 数据等，分析讨论实际震例产生的地球内部变形及对下次地震的孕震环境产生的贡献。同时，计算的地幔、地核移动也为深部构造运动提供理论参考。在本研究的后续工作中，我们主要研究 2011 年日本东北大地震（M_W9.0）和 2015 年尼泊尔地震（M_W7.8）的变形特征。

6.4.2　2015 年尼泊尔地震引起的地球内部位移变化

2015 年尼泊尔地震（M_W7.8）则完全属于陆-陆地震，位于印度板块与欧亚板块的主要碰撞带上，受到两板块的南北向俯冲挤压，地形起伏非常明显，紧邻珠穆朗玛峰，且被喜马拉雅地震带（邓起东等，2014）贯穿。该区域的 GPS 应变率场结果也显示喜马拉雅主边界断裂存在大范围的挤压应变积累，震源区处于南北向应变积累高值过渡区；而 GPS 基线时间序列结果表明印度板块与欧亚板块之间的持续挤压变形特征（占伟等，2015）。由于震源浅，此次地震引起了很大的强地面运动，公路、大坝受到了结构性破坏，造成尼泊尔大量人员伤亡及房屋倒塌；对我国西南地区也产生了一定影响，触发了珠穆朗玛峰发生雪崩，我国西藏地区多地有明显震感，并且吉隆县（M_S3.6）、定日县（M_S5.9）和聂拉木县（M_S5.3）相继发生了地震（中国地震局官网）。历史上，该地带发生过多次大地震，是科学家们的重点研究区域。

我们采用 USGS 网站最新公布的 552 个子断层的滑动分布数据，子断层的深度贯穿于 4~25km，其断层模型如图 6.21 所示，计算此次地震引起的地球内部不同深度处的同震垂直位移与水平位移，其地表的变形结果如图 6.22 所示；地球浅部——即地球内部 10km、20km、30km 的变形结果如图 6.23 所示；地球深部，即 50km、100km、300km 的变形结果如图 6.24 所示。

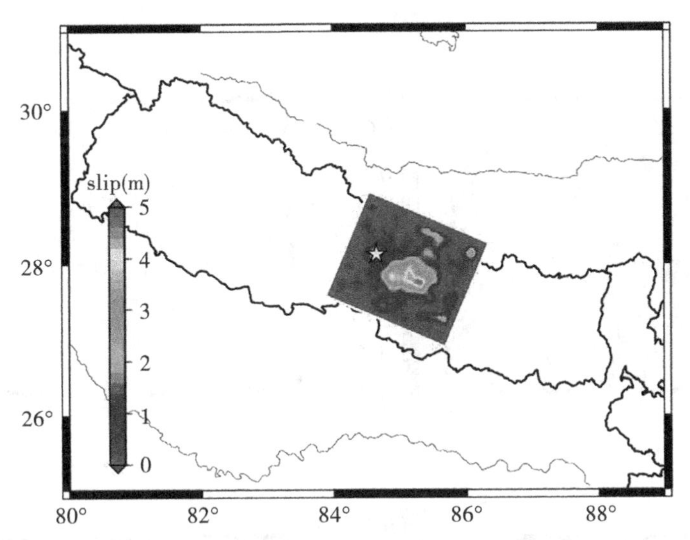

注：五角星是震中，断层模型数据来源于美国 USGS 网站。

图 6.21 2015 年尼泊尔地震的断层滑动分布模型

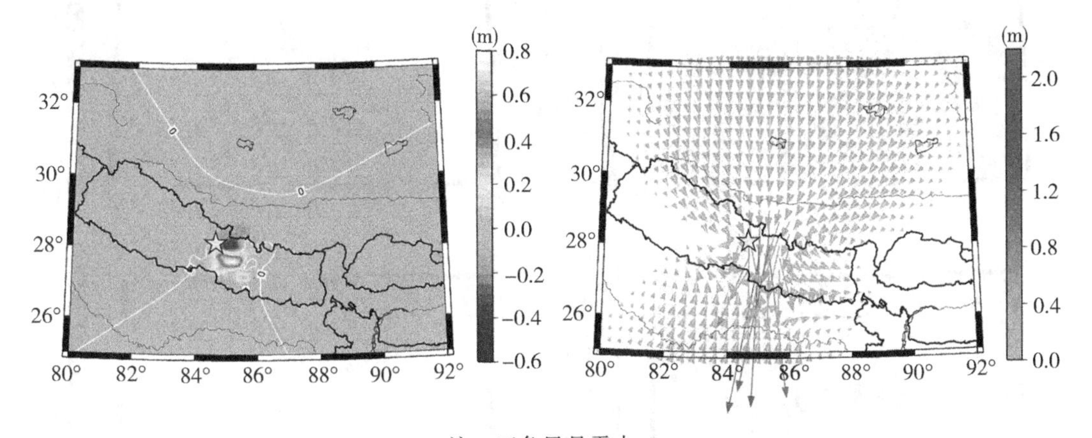

注：五角星是震中。

图 6.22 2015 年尼泊尔地震产生的地表同震垂直位移(左图)和水平位移(右图)

图 6.22 中显示的地表垂直位移(左图)的最大值为 0.78m，最小值为-0.4m，正负最大变形均发生在断层的最大滑动处。右图水平位移的结果显示，整个研究区域北部发生了向南的运动、区域南部发生向北的运动，集中在断层附近产生巨大挤压，促使发生了最大 1.5m 的变形，这与尼泊尔境内的静态同震 GPS 水平位移显示最大有 1.89m（赵斌等，2015）比较接近，并且计算位移与 GPS 观测的位移方向一致。在整体趋势上，图 6.22 给出的水平位移移动方向与板块的运动方向也达到一致。

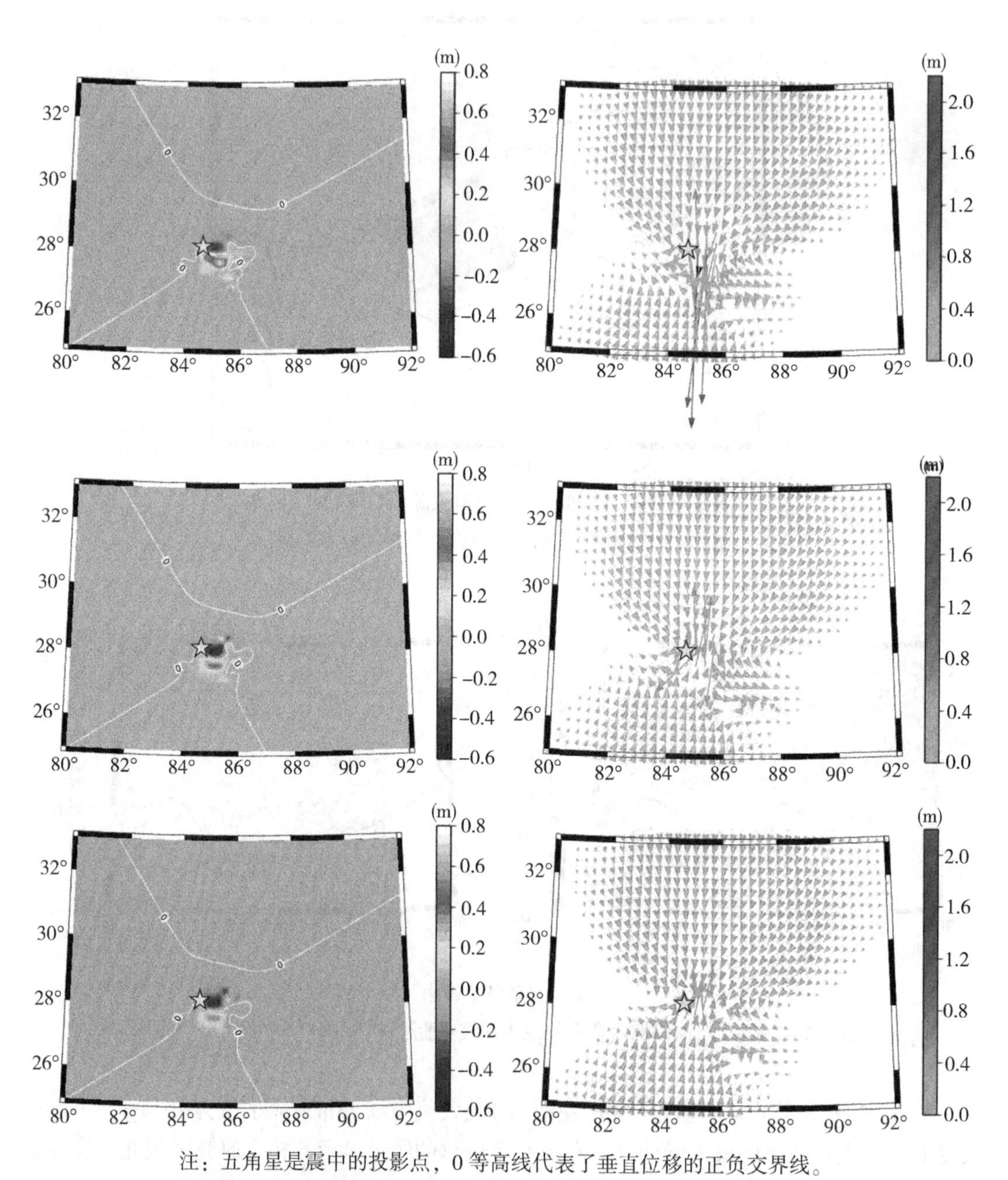

注：五角星是震中的投影点，0等高线代表了垂直位移的正负交界线。

图6.23 2015年尼泊尔地震在地球内部10km(第一行图)、20km(第二行图)、30km(第三行图)深处产生的同震垂直位移(左列图)和水平位移(右列图)

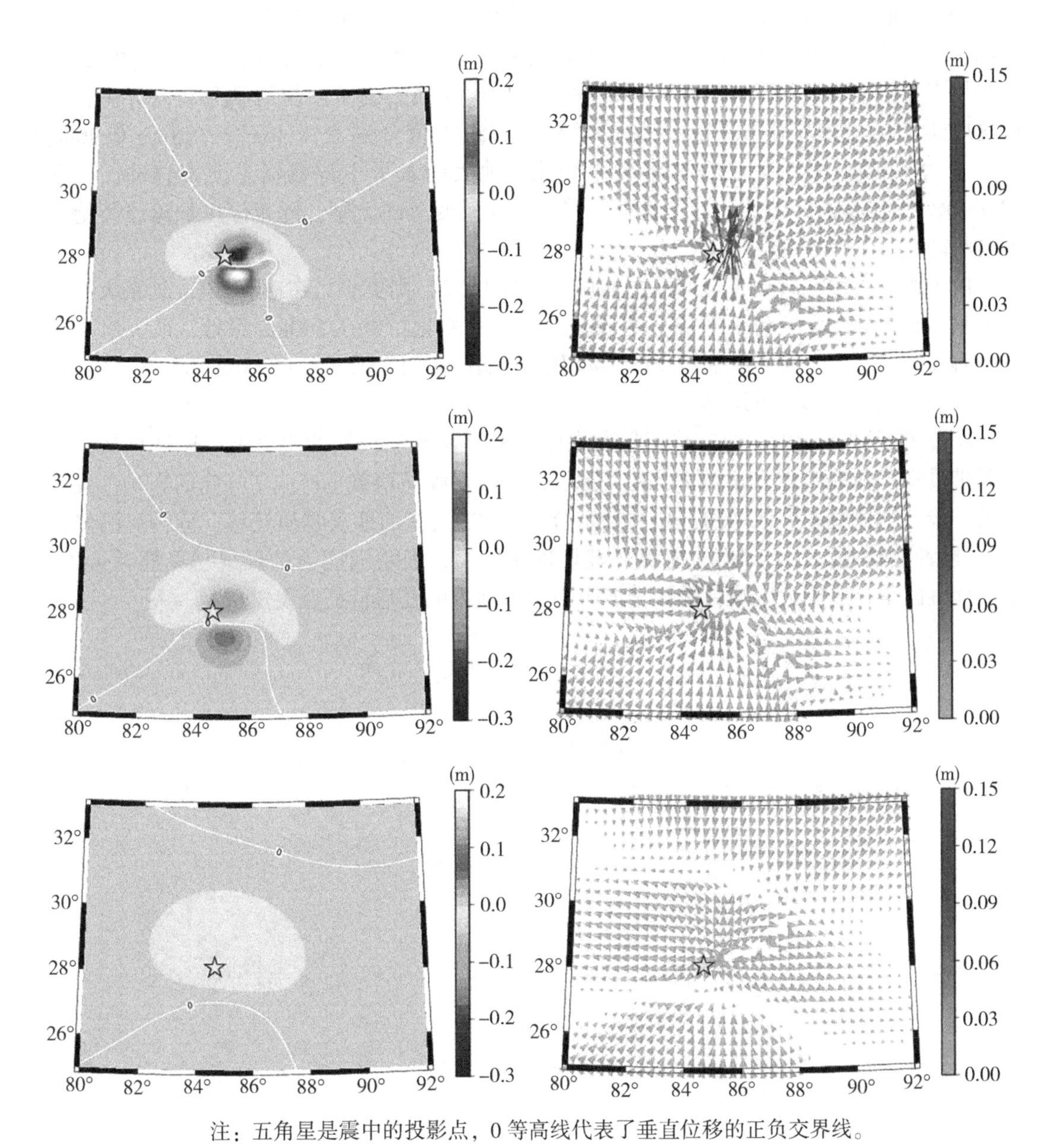

注：五角星是震中的投影点，0 等高线代表了垂直位移的正负交界线。

图 6.24 2015 年尼泊尔地震在地球内部 50km(第一行图)、100km(第二行图)、300km(第三行图)深处产生的同震垂直位移(左列图)和水平位移(右列图)

对比图 6. 22、图 6. 23 发现，最大的位移变形发生在地下 10km 处，其最大水平位移为 2. 18m，尼泊尔地震震源虽然比较浅，但是 10km 的研究面仍然在整个断层深度(4～24km)的中间过渡区，此处的位移场比地表大很多。由于该地震的断层划分比较细致，断层数据丰富，地表及地下 10km、20km、30km 四个层面处的子断层滑动分布差异大，所以这些研究面上的水平位移结果差异也较大，最大值分别为 1. 46m、2. 18m、0. 96m、0. 43m；它们的变形趋势也在逐渐发生变化，地表的水平主位移场是向南移动，而在 20km 深处主位移场开始向北。但垂直位移只有在量变上的区别，随着深度加深位移绝对值越小。

由于距离震源比较远，地球深部的位移值(图 6. 24)则更小，在地下 50km 处最大水平位移只有 0. 15m，该处的水平位移走向未发生太大变化；但在 100km 深处，最大水平位移只有 0. 04m，数值虽小但受挤压的震源附近开始向东西发散运动；300km 深处，断层投影区的垂直位移全部向下运动。

2015 年尼泊尔地震(M_W7. 8)不仅处在印度板块与欧亚板块的交界上，还被喜马拉雅地震带贯穿，地形效应非常明显，尤其地震发生时对我国西藏也产生了一定的影响。我们会进一步计算该地震的地球内部位移并结合 GRACE 反演的地表物质迁移，分析尼泊尔地震的震后回弹特征。由于陆-陆地震的破坏性比较大，板块间应力的聚集与释放对余震、下次地震的孕育有很大影响，需要全面考虑类似地震的变形特征及发震机理。

第7章　大地测量数据与位错理论在孕震分析中的应用

高精度的大地测量数据在位错理论的发展中发挥了不可忽视的作用，它能约束地震位错理论的模型改进，同时地震位错理论的数值计算结果可以用来解释大地测量观测数据。根据前人的研究结果，大地测量数据在地表变形的应用中已有比较完善的发展，但在地球内部变形的应用中还缺乏相应的研究成果，而超导重力数据、连续 GPS 数据、GRACE 数据等在约束、研究地震引起的地球内部变形对下次地震的孕育及机理成因中具有重要作用，以及对地球内部的流变学原理及质量迁移过程也具有理论参考作用。

7.1　超导重力数据在震前及同震变形中的应用

高精度的大地测量仪器——超导重力仪(Superconducting Gravimeter，SG)，是目前观测精度最高、最稳定的相对重力仪，具有极宽的动态线性测量范围、极低的噪声水平和漂移率。它的秒采样数据能够观测到 1 纳伽的重力变化，随着全球地球动力学计划(GGP)(Xu，Sun，2003)的实施，超导重力数据被广泛应用于固体潮和海潮模型分析(Sun H. et al.，1999，2005；Ding，Chao，2017)、地球自由震荡谱中基频和谐频振型的检测(Lei X. et al.，2004；Xu C. et al.，2013)、地球内核运动的探测(Xu J. et al.，2009；Shen，Ding，2013a)以及重力长周期变化对地壳垂直运动(Wei et al.，2012)的影响等研究中。鉴于超导重力观测数据的宽频带特性，多项研究显示连续重力观测能够探测到地震引起的震前重力异常扰动(Shen W. et al.，2011；Zhang K. et al.，2013)以及同震重力变化(Imanishi et al.，2004；Hwang et al.，2009)，如 2004 年的苏门答腊地震(M_W9.3)、2008 年的汶川地震(M_S 8.0)都被超导重力仪检测到了震前重力异常，震前重力异常的探测多是基于高精度的超导重力秒采样数据，该数据可以反映较多的重力扰动信息。超导重力仪在震前重力异常及同震重力变化检测中的作用，对震源机制和地震预警的研究具有重要意义，还可为高精度断层滑动分布的反演提供约束条件。

以 2011 年日本东北大地震(M_W9.0)为例，本节通过对欧洲的 Wettzell 和 Medicina 站、日本的 Mizusawa 和 Kamioka 站、中国的 Hsinchu、Whan 和 Lhasa 站 7 个超导重力观测站 2011 年 3 月的观测数据进行预处理得到改正后重力值，并对震前的带通滤波重力数据以及同期的地震活动性进行分析，得到日本东北大地震产生的震前重力异常扰动；对震前及震后的重力值进行低通滤波后拟合出重力变化趋势，通过对比得到地震引起的同震重力变化，并用球形位错理论模拟计算此次地震引起的同震重力变化值，该理论采用的地球模型考虑了地球的曲率、自重和分层结构，更接近于真实地球，模拟的变形结果更准确，进而检验超导重力观测值。通过分析超导重力仪检测到的震前及同震重力变化，进一步证明超导重力数据的高精度和高稳定性。

7.1.1　超导重力数据的预处理

GGP 计划中联合的超导重力仪分布于全球多个地方，本研究中采用图 7.1 中分布于日本、中国和欧洲的 7 个超导重力站 2011 年 3 月的连续重力数据进行预处理，并分析其检测到的震前及同震重力变化。地震引起的同震重力变化在较远地区非常小，该处的台站就很难提取出同震重力信号，故计算同震变化时我们只选取日本的 Mizusawa 和 Kamioka 站、中国的 Hsinchu、Whan 和 Lhasa 站进行分析，各台站位置和震源及其 CMT 解 (Centroid Moment Tensor) 如图 7.1 所示。

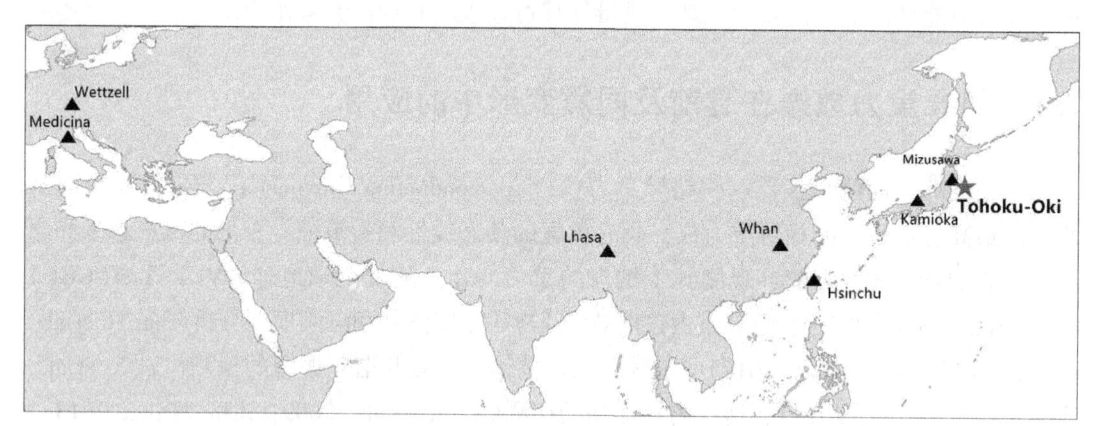

图 7.1　超导重力观测站(黑色三角形)和 2011 年日本东北大地震(M_W9.0)的位置及其 CMT 解

超导重力仪的观测精度非常高，它的秒采样数据能够很清晰地显示震前不同频段的信号特征，采用 7 个超导台站的观测数据进行计算和分析，验证超导重力数据的精度和稳定性，以及它们在地震研究中的作用。在进行地震信号分析前，需要对超导原始观测数据进行预处理，采用国际上公认的超导重力数据处理软件 Tsoft (Van and Vauterin, 2005) 进行处理。以 Wettzell 站 2011 年 3 月 1 日至 3 月 31 日的观测数据为例，其预处理结果如图 7.2 所示，图 7.2(a) 是经过尖峰、突跳等修正后的原始重力观测值，图 7.2(b) 是该时段的理论合成潮汐值，图 7.2(c) 是气压改正值，文中采用大气导纳常数 ($-0.33\times10^{-8}\,\mathrm{m\cdot s^{-2}}$/mbar) 进行气压重力效应的计算，图 7.2(d) 是扣除潮汐、气压影响后的重力残差，图 7.2(e) 是去除一阶线性项和切比雪夫多项式拟合漂移项后的最终改正重力值，用来进行地震的震前及同震信号分析。其他 6 个超导站的数据采用同样的预处理方法得到改正重力值。

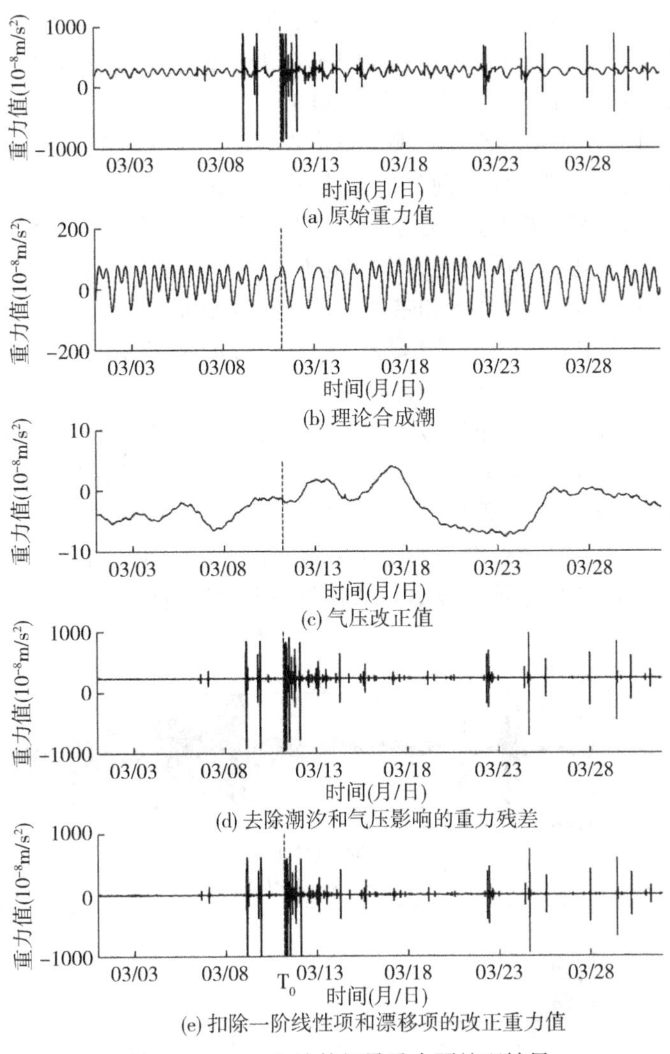

图 7.2　Wettzell 站的超导重力预处理结果

7.1.2　震前重力异常扰动的探测和分析

前人研究表明，经潮汐、气压、仪器漂移等改正后的重力值在不同频段能够显示出不同的信号，低于 0.10Hz 和高于 0.18Hz 的频谱反映了地震波动信号和非构造信息(Zhang K. et al., 2013)，0.10~0.18Hz 频段的信号能够较大程度地压制地震波信号并同时保留重力异常扰动信息(Zhang K. et al., 2013; Hao and Hu, 2008)，0.20~0.25Hz 频段的信号反映的是与台风有关的扰动信息(Hu X. et al., 2010)。为获取最佳频段的重力异常扰动信息，对超导重力数据进行功率谱密度分析，发现震前重力异常扰动的优势频段为 0.12~0.18Hz，这与前人获取的优势频段比较接近。以 Wettzell 站为例，该站基本不含同震信号干扰，其改正后重力值如图 7.3(a)所示，同时段欧洲及周边未发生较大地震，除了一个 4.4 级的地震外，其他基本都在 3 级左右或以下，超导重力仪探测到的信号幅值与地震能量成正比、与震中距成反比，我们知道一个 5 级地震释放的能量相当于 1000 个 3 级地震的能量，那么近似的，一个超导站受到 1000km 处的 5 级地震与 1km 处的 3 级地震的影响基本是一样大的，地球上最大的距离约为 20000km，而震级对应的能量是呈指数变化的。日本地区距 Wettzell 站不到 10000km，那么日本地区的 5 级地震要比欧洲地区 10km 外的 3 级地震对该站的影响大得多，而震前日本发生了多次 5 级左右及以上地震(图 7.4(a))，所以 Wettzell 站震前的高频波动主要是来自日本地区地震的影响，欧洲地震对该站的影响不明显，同理，该时段其他地区的地震影响也不大。对 Wettzell 站的改正重力值进行功率谱密度(Power Spectral Density)分析和带通滤波，结果显示其能量集中在 0.1Hz 频段以下(图 7.3(b))，该频段主要是地震波信号；不同频段的带通滤波结果显示，优势频段 I (0.12~0.18Hz)的震前异常扰动最大振幅(图 7.3(c))要比非优势频段 II(0.18~0.25Hz)的结果(图 7.3(d))高出至少一个量级。图 7.3(c)显示从 3 月 7 日 12:00 开始振幅明显增大，在 3 月 9 日 2:45 日本发生 7.3 级地震后振幅持续增加达到最大约 $16\times10^{-8}m/s^2$，3 月 10 日以后直到地震发生，振幅都保持在 $8\times10^{-8}m/s^2$ 左右，这可能与震前缓慢的应力积累过程有关，当应力积累到一定程度，能量经由地震而释放。我们知道地震发生时会引起重力场的改变，而高精度的超导重力数据显示震前一定时间内重力场也发生了改变。

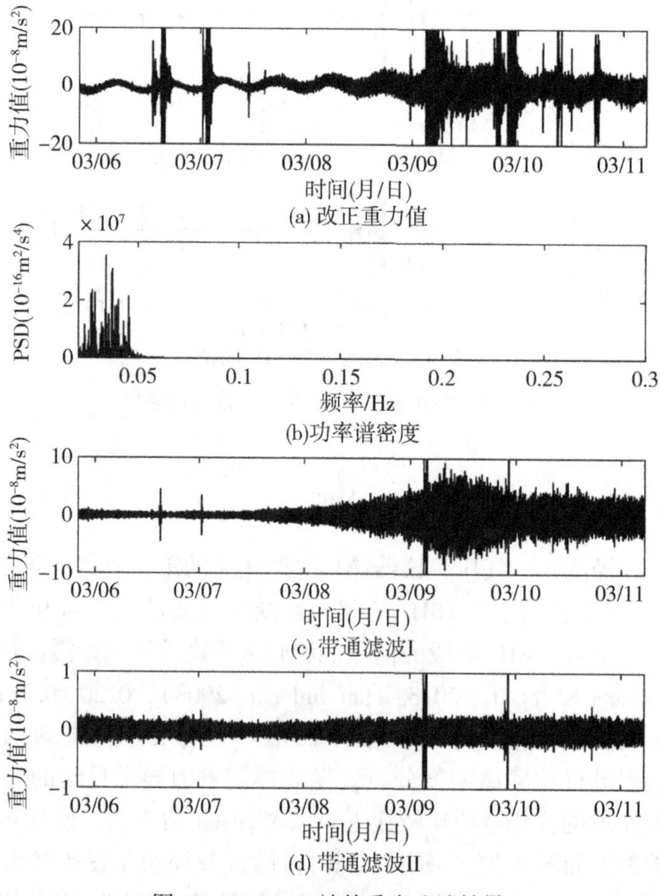

图 7.3　Wettzell 站的重力滤波结果

2011 年 3 月日本岛附近发生了 2861 次 $M_b \geq 4$ 级地震，除去主震，共有 3 次较大震级地震，分别是震前 3 月 9 日 2:45 发生的 7.3 级地震，震后 3 月 11 日 6:15 发生的 7.9 级余震和 6:25 发生的 7.7 级余震，多数地震震级在 5 级左右，对应的震级及位置如图 7.4 所示。

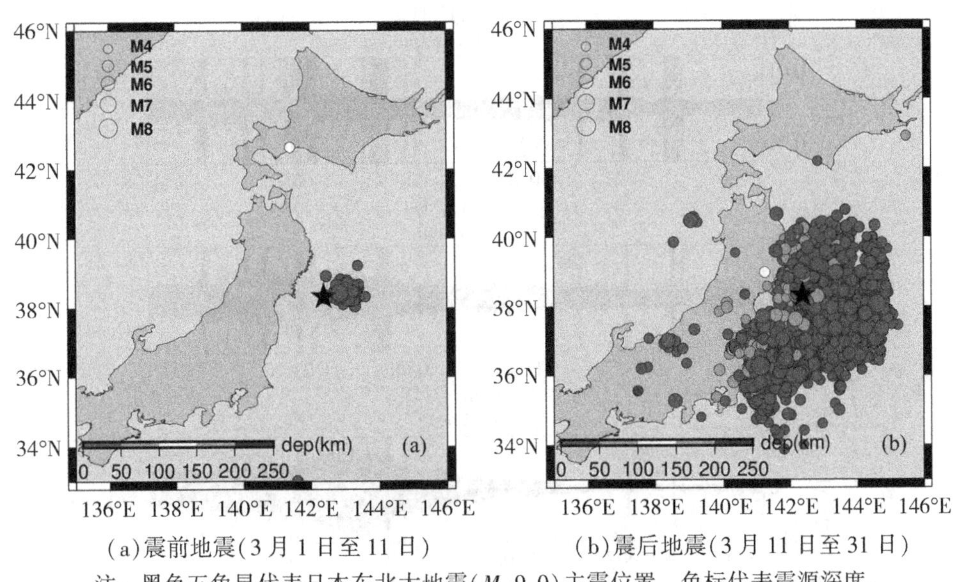

(a)震前地震(3 月 1 日至 11 日)　　(b)震后地震(3 月 11 日至 31 日)

注：黑色五角星代表日本东北大地震(M_W9.0)主震位置，色标代表震源深度。

图 7.4　日本岛附近的震前地震和震后地震分布

日本东北大地震主震发生前该区域的地震相对较少(图 7.4(a))，对分析震前重力异常扰动十分有利。Mizusawa 站距震中最近，该台站从主震发生时即停电，而后进行了震后恢复、线圈调整、冷头调整等，于 3 月 25 日开始恢复数据记录，GGP 网站并未提供该站的秒采样数据，故不再对该站进行震前重力异常分析。对 Kamioka、Whan、Lhasa、Wettzell 和 Medicina 5 个超导台站 3 月 5 日 20:00 至 3 月 11 日 5:45 的重力值在震前扰动优势频段($0.12\text{Hz} \leq f \leq 0.18\text{Hz}$)进行带通滤波，如图 7.5 所示，(a)~(f)分别对应 Kamioka、Whan、Lhasa、Wettzell 和 Medicina 站的震前重力异常扰动滤波结果及主震前 4 级及以上的地震活动。

由图 7.5 可看出，5 个超导台站的重力值在 3 月 7 日 12:00 后振幅均明显增大，欧洲地区的超导站检测到的震前异常扰动信号更明显，Wettzell 和 Medicina 站的滤波结果，最大振幅分别达到 $16\times10^{-8}\text{m/s}^2$、$28\times10^{-8}\text{m/s}^2$，最大振幅出现在震前 7.3 级地震($T_p$时刻)之后，说明整个震前异常扰动过程是本次主震在主导。而从 3 月 9 日 21:24 发生 6.5 级地震后直到主震(T_0时刻)发生，出现的地震均小于 6.0 级，图中并未出现较大的振幅波动，说明该滤波结果对 6.0 级以下地震并不敏感，而同时段欧洲附近只有少数不超过 4 级的地震。说明该带通滤波结果主要是日本东北大地震主震前的重力异常扰动信号，约发生在震前 89 h。其他 3 个台站对个别地震的高频扰动信号比较大，但震前异常扰动振幅并不大，Lhsa 站产生的震前异常振幅最大，只有 $1\times10^{-8}\text{m/s}^2$，而同时段 Lhasa 站周边并无较大的地

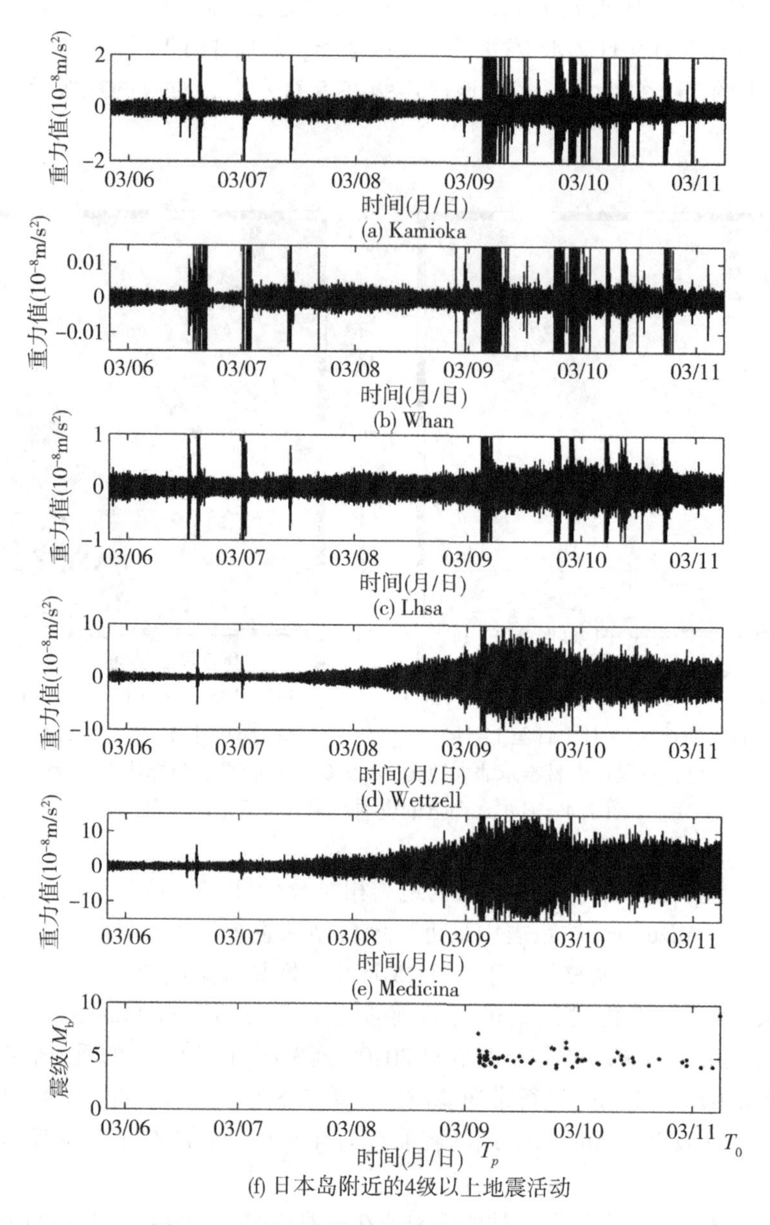

图 7.5　超导重力数据检测到的震前重力异常

震活动，最大震级的地震是 3 月 10 日 4:58 发生在中缅边界的 5.5 级地震，该时间点只有高频扰动，振幅并未增加，说明此次地震对该震前重力异常信号的影响有限，主要还是日本东北大地震的震前重力异常扰动。这个现象表明，地震前震源区物质状态呈现一定的移动或者变化，扰动了重力场，具体的物理机制还需要进一步的量化研究。而断层破裂实验在很久之前也被证实了类似的由慢滑动到快速破裂的过程，这反映了孕震过程的一方面，实际孕震过程极其复杂，与地球内部介质、应力分布等多种因素有关。同时，结果显示欧洲台站探测到的震前扰动比日本和中国台站的扰动振幅更大，这与前人对震前重力异常扰动的探测结果(Zhang K. et al.，2013)在形态和幅度上都比较一致，虽然日本和中国的台站距震中更近，但并非所有地区都能探测到同一种异常，这可能与断层系的几何结构有关，不同的断层系有不同的物理变形场演化，其表现出的震前扰动特征有明显差异(Ma J. et al.，1996，2012)。

7.1.3 同震重力变化的检测和理论重力值的对比

超导重力观测数据不仅能探测到震前的重力扰动，还能检测到地震引起的同震重力变化(Imanishi et al.，2004)，尤其当附近无其他地震影响时检测结果会更可靠。Wettzell 和 Medicina 站距离此次地震震中非常远，基本检测不到同震变化，此处不予考虑。为尽可能避开高频信号，采用 Mizusawa、Kamioka、Hsinchu、Whan 和 Lhasa 站 5 个超导站点降采样后的分钟采样数据，对改正后的重力值进行低通滤波，拟合出震前重力趋势和震后重力趋势，两者的差值即是该地震引起的同震重力变化。

Kamioka、Hsinchu、Whan 和 Lhasa 站 4 个站点从 3 月 1 日到 3 月 31 日均记录到相应的观测数据，由于该时间段日本岛附近发生的地震较多，为尽可能降低非主震的影响，分别采用震前 1 天、震后 10 天数据进行最小二乘拟合得到相应的重力趋势，计算出各台站的同震重力变化值，如图 7.6 所示。Mizusawa 站由于震后停电原因导致数据缺失，3 月 25 日恢复正常，故只能使用 3 月 25 日以后的数据来拟合震后的变形结果，该图不再显示。

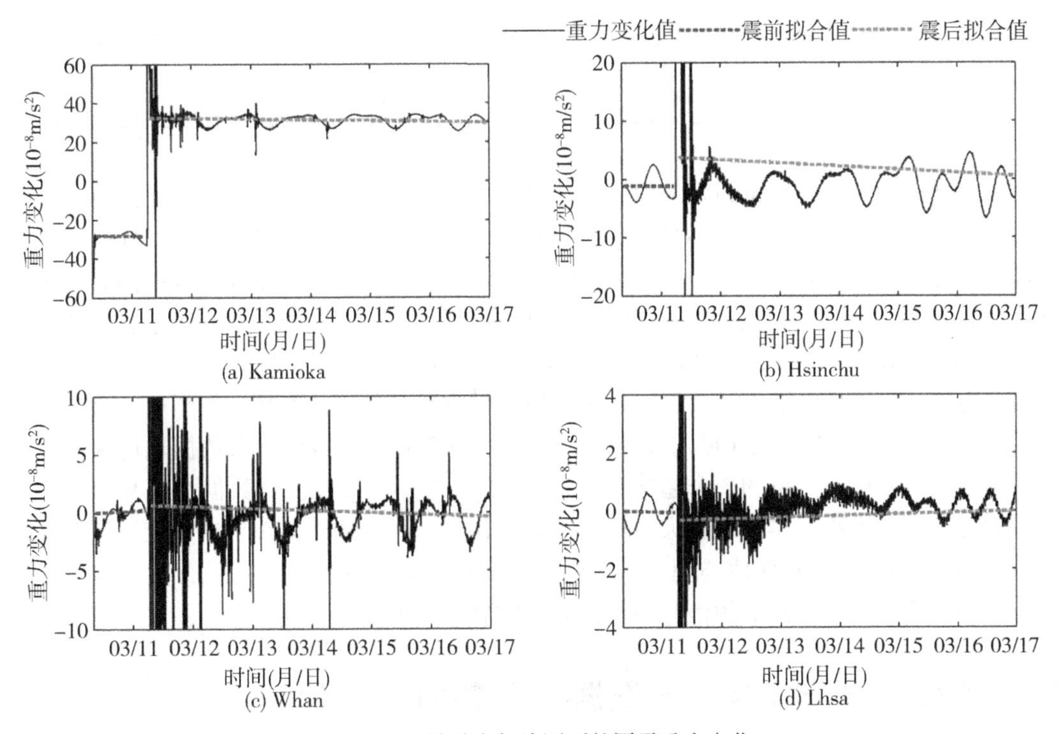

图 7.6 超导重力仪检测到的同震重力变化

同时，基于弹性球形地球位错理论计算此次地震引起的同震重力变化，该位错理论使用的地球模型最接近于真实的地球，地球的径向分层结构采用 PREM 模型。根据该位错理论中给出的计算空间固定点重力变化以及地表垂直位移的格林函数，并采用公式(7.1)，可得地表面重力变化的理论值 δg。文中采用美国 USGS 网站公布的点震源 CMT 解分别计算 5 个超导观测站点的重力及位移变化，自由空气重力梯度值在不同位置稍有差异，此处统一采用 $\beta \approx 3.08 \times 10^{-6} s^{-2}$。超导台站的基本信息、重力观测值及理论计算值见表 7.1。

$$\delta g(R + u_r,\ \theta,\ \varphi) = -\frac{\partial \phi(R,\ \theta,\ \varphi)}{\partial R} - \beta u_r(R,\ \theta,\ \varphi) \tag{7.1}$$

式中，$\phi(R,\ \theta,\ \varphi)$ 为空间固定点引力位，$u_r(R,\ \theta,\ \varphi)$ 为计算点的径向位移，β 为自由空气重力梯度，R 为地球半径，θ 为经度，φ 为余纬。

表 7.1　**超导重力台站的基本信息和重力观测值、理论计算值**

站名	经度(°E)	纬度(°N)	高程(m)	震中距(km)	同震重力值（10^{-8}m/s^2）	
					超导观测	理论计算
Mizusawa	141.133	39.133	105.0	140.2	216.0	223.1
Kamioka	137.308	36.425	358.0	494.9	60.0	41.4
Hsinchu	120.986	24.793	87.6	2515.6	5.1	9.1
Whan	114.490	30.516	80.0	2691.3	0.45	5.6
Lhasa	91.035	29.645	3638.4	4774.0	−0.23	4.2

由表 7.1 可知，超导重力观测值与位错理论计算的重力值非常接近，但受计算方法、震源 CMT 解的反演精度、地形效应、余震等的影响，两者存在一定的偏差。Mizusawa 站离震中最近，但该站缺失震后 3 月 11 日至 3 月 24 日的数据，故该站检测到的同震重力变化不受此时间段余震及其他地震的影响，尤其主震后发生的 7.7 级和 7.9 级余震，相较于 Kamioka 站，Mizusawa 站的观测值更接近于理论值。地震引发的近场同震变形要比中国远场变形更接近理论值，故近场变形可作为约束条件进行高精度的断层反演研究，现今空间重力 GRACE 数据已被应用于断层反演的研究，高精度的地面连续重力数据也可为该反演提供条件约束。中国远场的 3 个超导台站(Hsinchu、Whan 和 Lhasa)数据结果显示，它们的重力变化都非常小，震中距越大，同震重力变化越小，受地形、震后余震及该期其他地震的影响，Lhasa 站的观测值与理论值甚至出现了符号相反的情况。可见，宽频带的超导重力数据无论在高频还是低频信号中都具有非常高的精度和稳定性。

7.2　GPS 数据与 GRACE 数据在孕震中的应用讨论

现代大地测量技术的发展，大大促进了位错理论的发展，使人们可以从时间变化和动力学角度去研究地球的内部构造和全球形变问题。特别是，现代大地测量数据可用来研究震源机制、断层滑动分布、确定震源参数、大地测量结果解释等。而研究地震问题的最终目的是期望能够预测地震，这需要充分了解地震的孕育过程并进行孕震特征分析。在孕震分析中，除了地震波数据和超导重力仪数据外，也可以使用连续的 GPS 数据和重力卫星 GRACE 数据来研究分析，它们都具有实时性、连续性的特征。

GPS 是在全球范围内实时进行定位、导航的系统。GPS 定位的基本原理是根据高速运动的卫星瞬间位置作为已知的起算数据，采用空间距离后方交会的方法，确定待测点的位置。它具有全天候、观测时间短、精度高和自动测量的优点。在地震学上，断层反演、大地测量数据解释、震源参数的确定以及震后黏弹性的研究都与 GPS 数据相关。如 Vigny 等(2005) 以及 Gahalaut 等(2006) 给出了 2004 年 Sumatra 地震(M_W9.3)的 GPS 详细结果。Yamagiwa 等(2015) 以及 Sun T. 等(2014) 根据 GPS 变形结果研究了 2011 年日本东北大地震(M_W9.0)的黏弹松弛性。而诸如断层参数反演方面的 GPS 数据研究更是不胜枚举，该部分的应用在第 3 章中已有描述和相关计算，此处不再介绍。日本 GEONET 网站提供的 1232 个 GPS 观测点的震前及震后数据，为 2011 年日本东北大地震(M_W9.0)的孕震特征分析提供了基础数据依据。

一方面，重力卫星测量不同于传统的重力测量方法，是通过消除其他因素影响后的轨道摄动来确定地球引力场的球谐系数，进而推算出地球外部空间的重力场。诸如 CHAMP 卫星、GRACE 卫星以及 GOCE 卫星为地球科学的发展提供了高精度、高分辨率的重力场数据，应用十分广泛。尤其是 2002 年发射的 GRACE 卫星，它是已经工作了十多年的高精度重力卫星，提供了研究地震变形的宝贵数据，如 Chen J. 等(2007)、Cambiotti 等(2011)、Wang L. 等(2012)、Zhou X. 等(2012) 等，都展示了 GRACE 卫星在地震方面的重要应用。周新等(2011)发现重力卫星 GRACE 能够检测出 2010 年智利地震(M_W8.8)的同震重力变化，这是继 GRACE 检测出 2004 年 Sumatra 地震(M_W9.3)重力变化后的又一例证。Dong J. 等(2021) 和 Zhou X. 等(2012) 从不同的角度研究了 2011 年的日本东北大地震(M_W9.0)，并计算其产生的同震重力变化与重力卫星监测到的同震重力变化，得出此次地震也能被重力卫星 GRACE 所探测到。

另一方面，GPS 垂直位移与重力卫星 GRACE 的信号显示存在很大的相关性。Zhao Q. 等(2016) 利用中国大陆构造环境监测网络提供的 10 年左右的 GPS 观测资料和得克萨斯大学中心提供的 GRACE 观测资料，研究了青藏高原东北部的季节性地表变形，发现在垂直变形上 GRACE 的季节性信号和 GPS 观测有很好的一致性，其相位和强度均比较一致，但是在水平方向上两者有比较大的差异。如图 7.7 所示，我们计算了拉萨站 2003 年 1 月到 2016 年 8 月间的地表垂直位移时间序列，数据来源于 GPS 和 GRACE 反演结果，可见两者的一致性非常好。GRACE 与 GPS 既相辅相成，又各有特点：GPS 对水平位移非常敏感，局部的地形、水文和热弹性膨胀通过 GPS 数据处理能很好地显现；GRACE 是全空间域观测，但空间分辨率有限，小尺度的负荷 GRACE 无法分辨，而且会产生系统误差(Tregoning et al., 2009; Fu Y. et al., 2013; Zhao Q. et al., 2016)。

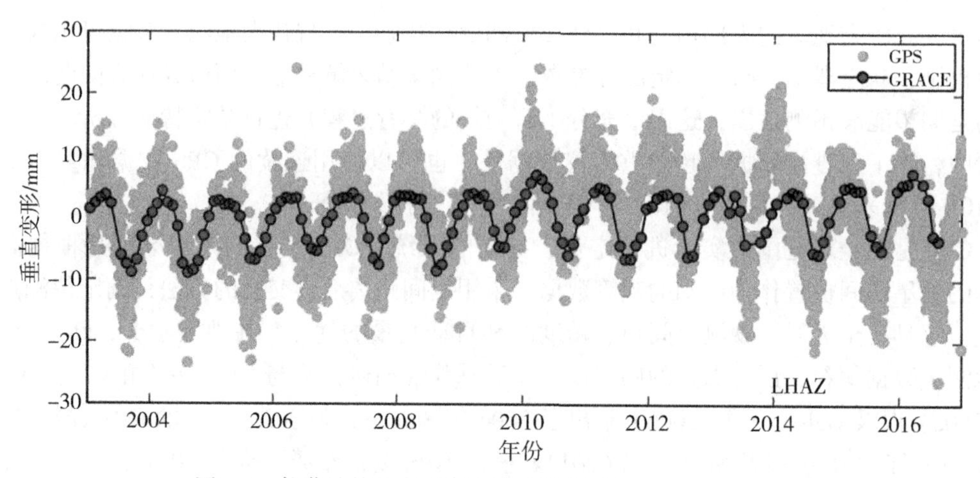

图7.7　拉萨站的地表垂直位移时间序列(2003.1—2016.8)

GRACE重力场数据又可以反演地表物质的迁移，研究区域地表的质量变化，王武星等(2011)利用GRACE卫星重力资料计算中国大陆及周边的地表密度变化，对比了区域中4个点的GPS位移时间序列，得出GRACE卫星反演的青藏高原及周边地表质量变化可以为解释汶川地震的动力机制提供新的观测途径和资料。2015年的尼泊尔地震紧挨我国西藏地区，喜马拉雅地震带的运动与板块的移动、物质的迁移密切相关，GRACE反演地表物质迁移对尼泊尔地震的震后回弹研究提供观测依据。

我们发展的地球内部变形理论涵盖了地表到地心全部层面内的变形，目前位移结果会显示出地球内部的全部移动趋势，而地球内部的重力变化计算也有望被完善。那么，联合GPS、GRACE数据与地球内部变形理论，我们可以进一步验证地球内部的计算位移和计算重力，有助于我们分析地震引起的地球内部质量迁移、应力调整、震后回弹等过程，并对下次地震的孕育及机理形成提供理论依据。GPS和GRACE两种大地测量技术在地震研究中具有相辅相成的作用，不仅可用来监测变形，还能用来约束地震位错理论的发展。

以上是本书作者目前的一些研究发现和成果，欢迎感兴趣的读者交流讨论。

参考文献

[1] Ammon, C. J., Chen, Ji, Thio, H., et al., 2005. Rupture process of the 2004Sumatra-Andaman earthquake. *Science* 308:1133-1139.

[2] Ben-Menahem, A. & Israel, M., 1970. Effects of major seismic events on the rotation of the Earth. *Geophysical Journal Royal Astronomical Society*, 19:367-393.

[3] Ben-Menahem, A. & Singh, S. J., 1968. Eigenvector expansions of Green's dyads with applications to geophysical theory. *Geophysical Journal Royal Astronomical Society*, 16: 417-452.

[4] Ben-Menahem, A., Singh, S. J. and Solomon, F., 1969. Static deformation of a spherical earth model by internal dislocations. *Bulletin of Seismological Society of America*, 59: 813-853.

[5] Beresnev, I. A. & Atkinson, G. M., 1997. Modeling finite-fault radiation from the ωn spectrum. *Bulletin of Seismological Society of America*, 87(1):67-84.

[6] Beresnev, I. A. & Atkinson, G. M., 1998. FINSIM-a FORTRAN program for simulating stochastic acceleration time histories from finite faults. *Seismological Research Letters*, 69(1): 27-32.

[7] Berry, D. S. and Sales, T. W., 1962. An elastic treatment of ground movement due to mining. III. Three dimensional problem, transversely isotropic ground. *Journal of the Mechanics and Physics of Solids*, 10:73-83.

[8] Blewitt, G., Lavallee, D., Clarke, P., Nurutdinov, K., 2001. A new global mode of Earthdeformation: seasonal cycle detected. *Science*, 294 (5550):2342-2345.

[9] Blewitt, G., Clarke, P., 2003. Inversion of Earth's changing shape to weigh sea levelin static equilibrium with surface mass redistribution. *Journal of Geophysical Research*, 108 (B6): 2311, doi:10.1029/2002JB002290.

[10] Broerse, D., Vermeersen, L., Riva, R., et al., 2011. Ocean contribution to co-seismic crustal deformation and geoid anomalies: Application to the 2004 December 26 Sumatra-Andaman earthquake. *Earth and Planetary Science Letters*, 305(3): 341-349, doi: 10.1016/j.epsl.2011.03.011

[11] Cambiotti, G, Bordoni, A., Sabadini, R., Colli, L., 2011. GRACE gravity data help constraining seismic models of the 2004 Sumatran earthquake. *Journal of Geophysical Research: Solid Earth*, 116, B10403, doi: 10.1029/2010JB007848.

[12] Cattin, R., Brole, P., et al., 1999. Effects of superficial layers on coseismic displacments

for a dip-slip fault and geophysical implications. *Geophysical Journal International*, 137: 149-158.

[13] Chambers, D. P., Wahr, J., Nerem, R. S., 2004. Preliminary observations of global oceanmass variations with GRACE. *Geophysical Research Letters*,31 (13):L13310.

[14] Chao, B. F., Gross, R. S., 1987. Changes in the Earth's rotation and low-degree gravitational field induced by earthquakes. *Geophysical Journal Royal Astronomical Society*, 91:569-596.

[15] Chen, J., 2019. Satellite gravimetry and mass transport in the earth system. *Geodesy and Geodynamics*, 10, 5:402-415.

[16] Chen, J., Wilson, C., Tapley, B., Famiglietti, J. & Rodell, M., 2005. Seasonal global mean sea level change from satellite altimeter, GRACE, and geophysical models. *Journal of Geodesy*, 79(9):532-539.

[17] Chen, J., Wilson, C., Tapley, B. and Grand, S., 2007. GRACE detects coseismic and postseismic deformation from the Sumatra-Andaman earthquake. *Geophysical Research Letters*, 34, L13302, doi:10.1029/2007GL030356.

[18] Chinnery, M. A., 1961. The deformation of ground around surface faults. *Bulletin of Seismological Society of America*, 51:355-372.

[19] Chinnery, M. A., 1963. The stress changes that accompany strike-slip faulting. *Bulletin of Seismological Society of America*, 53:921-932.

[20] Chlieh, M., Avouac, J., Hjorleifsdottir, V., et al., 2007. Coseismic slip and afterslip of the great (Mw 9.15) Sumatra-Andaman earthquake of 2004. *Bulletin of Seismological Society of America*,97(1A):S152-S173.

[21] Dahlen, F. A., 1968. The normal modes of a rotating, elliptical Earth. *Geophysical Journal Royal Astronomical Society*, 16:329-367.

[22] Linage, C., Rivera, L., Hinderer, J., Boy, J.-P., Rogister, Y., Lambotte, S. & Biancale, R., 2009. Separation of coseismic and postseismic gravity changes for the 2004 Sumatra-Andaman earthquake from 4.6 yr of GRACE observations and modelling of the coseismic change by normal-modes summation. *Geophysical Journal International*, 176(3): 695-714.

[23] Ding, H., Chao, B. F., 2017. Solid pole tide in global GPS and superconducting gravimeter observations: signal retrieval and inference for mantle anelasticity. *Earth and Planetary Science Letters*, 459:244-251.

[24] Dong, J., Cheng, P., Wen, H. & Sun, W., 2021. Internal co-seismic displacement and strain changes inside a homogeneous spherical Earth. *Geophysical Journal International*, 225 (2):1378-1391.

[25] Dong, J., Sun, W., Zhou, X. & Wang, R., 2016. An analytical approach to estimate curvature effect of coseismic deformations. *Geophysical Journal International*, 206: 1327-1339.

[26]Dong,J., Sun, W., Zhou, X. and Wang, R., 2014. Effects of Earth's layered structure, gravity and curvature on coseismic deformation. *Geophysical Journal International*, 199: 1442-1451.

[27]Dziewonski, A. M. and Anderson, D. L., 1981. Preliminary reference Earth model. *Physics of the Earth and Planetary Interiors*, 25:297-356.

[28]Farrell, W. E., 1972. Deformation of the Earth by Surface Loads. *Reviews of Geophysics and Space Physics*, 10:761-797.

[29]Feng, W., Shum, C. K., Zhong, M. & Pan, Y., 2018. Groundwater storage changes in China from satellite gravity: an overview. *Remote Sensing*, 10:674.

[30]Fu, G. & Sun, W., 2004. Effects of spatial distribution of fault slip on calculating co-seismic displacements -Case studies of the Chi-Chi earthquake (m = 7.6) and the Kunlun earthquake (m = 7.8). *Geophysical Research Letters*, 31, L21601, doi: 10.1029/2004GL 020841.

[31]Fu, G., 2007. Surface gravity changes caused by tide-generating potential and by internal dislocation in a 3-D heterogeneous Earth. *Ph. D. Thesis*, University of Tokyo, Japan.

[32]Fu, G.and Sun, W., 2007. Effects of the lateral inhomogeneity in a spherical Earth on gravity Earth tides. *Journal of Geophysical Research*, 112:B06409.

[33] Fu, G. and Sun, W., 2008. Surface gravity changes caused by dislocations in a 3-D heterogeneous earth. *Geophysical Journal International*, 172:479-503.

[34] Fu G., Sun, W., Fukuda, Y., et al., 2010. Effects of Earth's curvature and radial heterogeneity in dislocation studies: Case studies of the 2008 Wenchuan earthquake and the 2004 Sumatra earthquake. *Earthquake Science*, 23: 301-308.

[35]Fu, Y., Argus, D.F., Freymueller, J.T. & Heflin, M.B., 2013. Horizontal motion in elastic response to seasonal loading of rain water in the Amazon Basin and monsoon water in Southeast Asia observed by GPS and inferred from GRACE. *Geophysical Research Letters*, 40:6048-6053.

[36] Gahalaut, V. K., Nagarajan, B., Catherine, J., Kumar, S., 2006. Constraints on 2004 Sumatra -Andaman earthquake rupture from GPS measurements in Andaman -Nicobar Islands. *Earth and Planetary Science Letters*, 242:365-374.

[37]Gilbert, F. and Dziewonski, A. M., 1975. An application of normal mode theory to the retrieval of structural parameters and source mechanisms from seismic spectra. *Philosophical Transactions of the Royal Society of London*, *A*, 278:187-269.

[38] Greff-Lefftz, M., Legros, H., 2007. Fluid core dynamics and degree-one deformations: Slichter mode and geocenter motions. *Physics of the Earth and Planetary Interiors*, 161: 150-160.

[39]Greff-Lefftz, M., Metivier, L., Besse, J., 2010. Dynamic mantle density heterogeneitiesand global geodetic observables.*Geophysical Journal International*, 180:1080-1094.

[40]Han, D., & Wahr, J., 1995. The viscoelastic relaxation of a realistically stratified earth,

and a further analysis of postglacial rebound. *Geophysical Journal International*, 120: 287-311.

[41] Han, S., Shum, C. K., Jekeli, C., et al., 2005. Non-isotropic filtering of GRACE temporal gravity for geophysical signal enhancement. *Geophysical Journal International*, 163 (1): 18-25.

[42] Han, S.-C., Shum, C. K., Bevis, M., Ji, C., Kuo, C.-Y., 2006. Crustal dilatationobserved by GRACE after the 2004 Sumatra-Andaman earthquake. *Science*, 313: 658-662.

[43] Hao, X. G., Hu, X. G, 2008. Disturbance before the Wenchuan earthquake detected by broadband seismometer. *Progress in Geophysics* (in Chinese), 23(4): 1332-1335.

[44] Hayes, G., 2011. Finite Fault Model Updated Result of the Mar 11, 2011 Mw 9.0 Earthquake Offshore Honshu, Japan, available at: http://earthquake.usgs.gov/earthquakes/world/japan/031111 M9.0prelim_geodetic slip.php.

[45] Heki, K. & Matsuo, K., 2010. Coseismic gravity changes of the 2010 earthquake in Central Chile from 163 satellite gravimetry. *Geophysical Research Letters*, 37, L24306, doi: 10.1029/2010GL045335.

[46] Hoechner, A., Babeyko, A. Y., and Sobolev, S. V., 2008. Enhanced GPS inversion technique applied to the 2004 Sumatra earthquake and tsunami. *Geophysical Research Letters*, 35, L08310, doi:10.1029/2007GL033133.

[47] Hu, X. G., Hao, X. G., Xue, X. X, 2010. The analysis of the non-typhoon-induced microseisms before the 2008 Wenchuan earthquake. *Chinese Journal of Geophysics* (in Chinese), 53(12): 2875-2886.

[48] Hwang, C., Kao, R., Cheng, C. C., et al, 2009. Results from parallel observation of superconducting and absolute gravimeters and GPS at the Hsinchu station of Global Geodynamics Project, Taiwan. *Journal of Geophysical Research: Solid Earth*, 114 (B07406).

[49] Iinuma, T., Ohzono, M., Ohta, Y., et al., 2011. Coseismic slip distribution of the 2011 off the Pacific coast of Tohoku Earthquake (*M* 9.0) eatimated based on GPS data-Was the asperity in Miyagi-oki ruptured? *Earth Planets Space*, 63:643-648.

[50] Imanishi, Y., Sato, T., Higashi, T., et al, 2004. A network of superconducting gravimeters detects submicrogal coseismic gravity changes. *Science*, 306(5695):476-478.

[51] Ivins, E., James, T., Wahr, J., et al., 2013. Antarctic contribution to sea level rise observed by GRACE with improved GIA correction. *Journal of Geophysical Research: Solid Earth*, 118:3126-3141.

[52] Ji, C., 2004. http://neic.usgs.gov/neis/eqdepot/2004/eq_041226/result/static_out.

[53] Jovanovich, D. B., Husseini, M. I. & Chinnery, M. A., 1974a. Elastic dislocations in a layered half-space, I, Basic theory and numerical methods. *Geophysical Journal Royal Astronomical Society*, 39:205-217.

[54]Jovanovich, D. B., Husseini, M. I. & Chinnery, M. A., 1974b. Elastic dislocations in a layered half-space, II, The point source. *Geophysical Journal Royal Astronomical Society*, 39:219-239.

[55]Kareinen, Niko, Minttu, Uunila, 2012. Determination of Tsukuba VLBI Station post-Tohoku Earthquake Coordinates using VieVS, IVS 2012 General Meeting Proceedings, 445-449, http://ivscc.gsfc.nasa.gov/publications/gm2012/kareinen.pdf.

[56]Kennett, B., Engdahl, E. and Buland, R., 1995.Constraints on seismic velocities in the Earth from travel times. *Geophysical Journal International*, 122:403-416.

[57]Klemann, V., Martinec, Z., 2011. Contribution of glacial-isostatic adjustmentto the geocenter motion. *Tectonophysics*, 511, 99-108, http://dx. doi. org/10. 1016/j. tecto. 2009. 08.031.

[58] Lay, T., Ammon, C. J., Kanamori, H., et al., 2011. Possible large near-trench slip during the 2011 M_W9.0 off the Pacific coast of Tohoku Earthquake. *Earth Planets Space*, 63:687-692.

[59]Lei, X. E., Xu, H. Z., Sun, H. P., et al., 2004. Detection of Spheroidal free oscillation excited by Peru 8.2 Ms earthquake with five international superconducting gravimeter data. *Science in China Series D-Earth Sciences* (in Chinese), 34(5): 483-491.

[60]Linage, D., Rivera, L., Hinderer, J. et al., 2009. Separation of coseismic and postseismic gravity changes for the 2004 Sumatra-Andaman earthquake from 4. 6 yr of GRACE observations and modelling of the coseismic change by normal-modes summation. *Geophysical Journal International*, 176(3):695-714.

[61]Liu, J., Fang, J., Li, H., et al., 2015. Secular variation of gravity anomalies within the Tibetan Plateau derived from GRACE data. *Chinese Journal of Geophysics* (in Chinese), 58 (10):3496-3506.

[62]Luthcke, S., Arendt, A., Rowlands, D., et al., 2008. Recent glacier mass changes in the Gulf of Alaska region from GRACE mascon solutions. *Journal of Glaciology*, 54(188): 767-777.

[63]Ma, J., Sherman, S. I., Guo, Y. S, 2012. Identification of meta-stable stress state based on experimental study of evolution of the temperature field during stick-slip instability on a 5°bending fault. *Science China Earth Sciences* (in Chinese), 55(6): 869-881.

[64] Ma, J., Ma, S. L., Liu, L. Q., et al, 1996. Physical field evolution and instability properties of fault geometry. *Acta Seismologica Sinica* (in Chinese), 18(2): 200-207.

[65]Ma, X.Q. & Kusznir, N. J., 1994. Effects of rigidity layering, gravity and stress relaxation on 3-D subsurface fault displacement fields. *Geophysical Journal International*, 118: 201-220.

[66]MacMillan, D., Behrend, D., Kurihara, S., 2012. Effects of the 2011 Tohoku Earthquake on VLBI Geodetic Measurements, *IVS* 2012 *General Meeting Proceedings*, 440-444. http://ivscc.gsfc.nasa.gov/publications/gm2012/macmillan.pdf.

[67] Matsuo, K. & Heki, K., 2010. Time-variable ice loss in Asian high mountains from satellite gravimetry. *Earth and Planetary Science Letters*, 290(1-2):30-36.

[68] Matsuo, K. & Heki, K., 2011. Coseismic gravity changes of the 2011 Tohoku-Oki earthquake from satellite gravimetry. *Geophysical Research Letters*, 38, L00G12.

[69] Maruyama, T., 1964. Statical elastic dislocations in an infinite and semiinfinite medium, *Bulletin of the Earthquake Research Institute University of Tokyo*, 42:289-368.

[70] McGinley, J. R., 1969. A comparison of observed permanent tilts and strains due to earthquakes with those calculated from displacement dislocations in elastic earth models. Ph. D. Thesis, California Institute of Technology, Pasadena, California.

[71] Melini, D. and Piersanti, A., 2006. Impact of global seismicity on sea level change assessment. *Journal of Geophysical Research*, 111, B03406, 14, doi: 10. 1029/2004JB003476 .

[72] Melini, D., Cannelli, V., Piersanti, A. and Spada, G., 2008. Post-seismic rebound of a spherical Earth: new insights from the application of the Post-Widder inversion formula. *Geophysical Journal International*, 174:672-695.

[73] Melini, D., Spada, G. and Piersanti, A., 2010. A sea level equation for seismic perturbations. *Geophysical Journal International*, 180: 88-100. doi: 10.1111/j.1365-246X.2009.04412.x

[74] Nostro, C., Piersanti, A., Antonioli, A. and Spada, G., 1999. Spherical vs. flat models of coseismic and postseismic deformations. *Journal of Geophysical Research*, 104:13115-13134.

[75] Okada, Y., 1976. Surface force equivalents for point sources coming up to the surface of a half space. *Journal of Seism. Society of Japan*, 29:83-86 (in Japanese).

[76] Okada Y., 1985. Surface Deformation Due to Shearand Tensile Faults in a Half-space. *Bulletin of Seismological Society of America*, 75:1135-1154.

[77] Okada Y., 1992. Deformation Due to Shearand Tensile Faults in a Half-space. *Bulletin of Seismological Society of America*, 82:1018-1040.

[78] Okubo, S. and Endo, T., 1986. Static spheroidal deformation of degree 1-consistency relation, stress solutionand partials. *Geophysical Journal Royal Astronomical Society*, 86: 91-102.

[79] Okubo, S., 1988. Asymptotic solutions to the static deformation of the Earth, 1, Spheroidal mode. *Geophysical Journal International*, 92:39-51.

[80] Okubo, S., 1989. Gravity change caused by a fissure eruption. *Geophysical Research Letters*, 16:445-448.

[81] Okubo, S., 1991. Potential and gravity changes raised by point dislocation. *Geophysical Journal International*, 105:573-586.

[82] Okubo, S., 1992. Potential and gravity changes due to shear and tensile faults. *Journal of Geophysical Research*, 97: 7137-7144.

[83] Okubo, S., 1993. Reciprocity theorem to compute the static deformation due to a point

dislocation buried in a spherically symmetric earth. *Geophysical Journal International*, 115: 921-928.

[84] Petrov, L., Gordon, D., Gipson, J., et al., 2009. Precise geodesy with the Very Long Baseline Array. *Journal of Geodesy*, 83:859-876.

[85] Piersanti, A., Spada, G., Sabadini, R. and Bonafede, M., 1995. Global post-seismic deformation. *Geophysical Journal International*, 120:544-566.

[86] Piersanti, A., Spada, G. and Sabadini, R., 1997. Global postseismic rebound of a viscoelastic Earth: Theory for finite faults and application to the 1964 Alaska earthquake. *Journal of Geophysical Research*, 102:477-492.

[87] Pollitz, F. F., 1992. Postseismic relaxation theory on the spherical Earth. *Bulletin of Seismological Society of America*, 82:422-453.

[88] Pollitz, F. F., 1996. Coseismic deformation from earthquake faultingin a layered spherical Earth. *Geophysical Journal International*, 125: 1-14.

[89] Pollitz, F. F., 1997. Gravitational viscoelastic postseismic relaxation on a layered spherical Earth. *Journal of Geophysical Research*, 102 (B8):17,921-17,941.

[90] Pollitz, F. F., Bürgmann, R., Banerjee, P., 2011. Geodetic slip model of the 2011 M9.0 Tohoku earthquake. *Geophysical Research Letters*, 38, L00G08, doi: 10.1029/2011GL048632.

[91] Press, F., 1965. Displacements, strains and tilts at teleseismic distances. *Journal of Geophysical Research*, 70:2395-2412.

[92] Rundle, J. B., 1980. Static elastic-gravitational deformation of a layered half-space by point couple sources. *Journal of Geophysical Research*, 85:5355-5363.

[93] Rundle, J., 1982. Viscoelastic-gravitational deformation by a rectangular thrust fault in a layered earth. *Journal of Geophysical Research: Solid Earth*, 87 (B9): doi: 10.1029/JB087iB09p07787.

[94] Sabadini, R., Piersanti, A. and Spada, G., 1995. Toroidal-poloidal partitioning of global Post-seismic deformation. *Geophysical Research Letters*, 21:985-988.

[95] Sabadini, R, Vermeersen, L., 1997. Influence of lithospheric and mantle stratification on global post-seismic deformation. *Geophysical Research Letters*, 24: 2075-2078, doi: 10.1029/97GL01979.

[96] Saito, M., 1967. Excitation of free oscillations and surface waves by a point source in a vertically heterogeneous Earth. *Journal of Geophysical Research*, 72:3689-3699.

[97] Sato, R., 1971. Crustal deformation due to a dislocation in a multi-layered medium. *Journal of Physical of the Earth*, 19(1): 31-46.

[98] Sato, R. and Matsu'ura, M., 1973. Static deformation due to the fault spreading over several layers in a multi-layered medium. Part I: displacement. *Journal of Physical of the Earth*, 21: 227-249.

[99] Sato, R. and Matsu'ura, M., 1974, Strains and tilts on the surface of a semi-infinite

medium. *Journal of Physical of the Earth*, 22:213-221.

[100] Savage, J. C., 1998. Displacement field for an edge dislocation in a layered half-space. *Journal of Geophysical Research*, 103:2439-2446.

[101] Save, H., Bettadpur, S. & Tapley, B. D., 2016. High resolution CSR GRACE RL05 mascons. *Journal of Geophysical Research: Solid Earth*, 121(10):7547-7569.

[102] Shao, G., Li, X., Ji, C. & Maeda, T., 2011. Preliminary Result of the Mar 11, 2011 Mw 9.1 Honshu Earthquake, Available at http://www.geol.ucsb.edu/faculty/ji/big_earthquakes/2011/03/0311_v3/Honshu.html.

[103] Shen, W. B., Ding, H., 2013a. Detection of the inner core translational triplet using superconducting gravimetric observations. *Journal of Earth Science*, 24(5): 725-735.

[104] Shen, W. B., Wang, D. J., Hwang, C. W, 2011. Anomalous signals prior to Wenchuan earthquake detected by superconducting gravimeter and broadband seismometers records. *Journal of Earth Science*, 22(5): 640-651.

[105] Shestakov, N. V., Ohzono, M., Takahashi, H. et al., 2014. Modeling of coseismic crustal movements initiated by the May 24, 2013, $M_w = 8.3$ Okhotsk deep focus earthquake. *Doklady Earth Sciences*, 457(2):976-981.

[106] Singh, S. J. and Ben-Menahem, A., 1969. Deformation of a homogeneous gravitating sphere by internal dislocations. *Pure and Applied Geophysics*, 76:17-39.

[107] Smylie, D. S., Mansinha, L., 1971. The elasticity theory of dislocation in real Earthmodels and changes in the rotation of the Earth. *Geophysical Journal Royal Astronomical Society*, 23:329-354.

[108] Soldati, G., Piersanti, A. and Boschi, E., 1998. Global postseismic gravity changes of a viscoelastic Earth. *Journal of Geophysical Research*, 103(B12), 29:867-29, 885.

[109] Steketee, J. A., 1958. On Volterra's dislocation in a semi-infinite elastic medium, *Canadian Journal of Physics*, 36:192-205.

[110] Sun, H. P., Hsu, H. Z., Luo, S. C., et al., 1999. Study of the ocean models using tidal gravity observations obtained with superconducting gravimeter. *Acta Geodaetica et Cartographica Sinica*, 28(2): 115-120.

[111] Sun, H. P., Hsu, H. Z., Zhou, J. C., et al., 2005. Latest observation results from superconducting gravimeter at station Wuhan and investigation of the ocean tide models. *Chinese Journal of Geophysics* (in Chinese), 48(2): 299-307.

[112] Sun, W., 1992a. Potential and gravity changes raised by dislocations in spherically symmetric Earth models, Ph.D. thesis, University of Tokyo, Japan.

[113] Sun, W., 1992b. Potential and gravity changes caused by dislocations in spherically symmetric Earth models. *Bulletin of the Earthquake Research Institute University of Tokyo*, 67:89-238.

[114] Sun, W., 2003. Asymptotic theory for calculating deformations caused by dislocations buried in a spherical earth-geoid change. *Journal of Geodesy*, 77:381-387.

[115] Sun, W.,2004a. Asymptotic Solution of Static Displacements Caused by Dislocations in a Spherically Symmetric Earth. *Journal of Geophysical Research*, 109(B5), B05402, doi: 10.1029/2003JB 002793.

[116] Sun, W., 2004b. Short Note: Asymptotic theory for calculating deformations caused by dislocations buried in a spherical earth-gravity change. *Journal of Geodesy*, 78:76-81, doi: 10.1007/s00190-004-0384-3.

[117] Sun, W., 2012. Earthquake Dislocation Theory. Science Publication, Beijing (in Chinese).

[118] Sun, W. and Okubo, S., 1993. Surface potential and gravity changes due to internal dislocations in a spherical Earth, Ⅰ. Theory for a point dislocation. *Geophysical Journal International*, 114(3):569-592.

[119] Sun, W., Okubo, S., Vanicek, P., 1996. Global displacement caused by dislocations ina realistic Earth model. *Journal of Geophysical Research*, 101:8561-8577.

[120] Sun, W. and Okubo, S., 1998. Surface potential and gravity changes due to internal dislocations in a spherical Earth, Ⅱ. Application to a finite fault. *Geophysical Journal International*, 132(1): 79-88.

[121] Sun, W. and Okubo, S., 2002. Effects of earth's spherical curvature and radial heterogeneity in dislocation studies-for a point dislocation. *Geophysical Research Letters*, 29(12), 1605, doi:10. 1029/2001GL014497.

[122] Sun, W. and Okubo, S., 2004. Co-seismic deformations detectable by satellite gravity missions-a case study of Alaska (1964, 2002) and Hokkaido (2003) earthquakes in the spectral domain. *Journal of Geophysical Research*, 109 (B4), B04405, doi: 10. 1029/2003JB002554.

[123] Sun, W., Okubo, S. and Fu, G., 2006a. Green's functions of coseismic strain changes and investigation of effects of Earth's spherical curvature and radial heterogeneity. *Geophysical Journal International*, 167(3), 1273-1291. doi:10.1111/j.1365-246X.2006. 03089.x.

[124] Sun, W., Okubo S. and Sugano, T., 2006b. Determining dislocation Love numbers using satellite gravity mission observations. *Earth Planets Space*, 58:497-503.

[125] Sun W., Okubo, S., Fu, G. and Araya, A., 2009. General Formulations of Global Co-seismic Deformations Caused by an Arbitrary Dislocation in a Spherically Symmetric Earth Model -Applicable to Deformed Earth Surface and Space-Fixed Point. *Geophysical Journal International*, 177:817-833.

[126] Sun, W. and Zhou, X., 2012. Co-seismic Deflection Change of Vertical Caused by the 2011 Tohoku-Oki Earthquake (M_w9.0). *Geophysical Journal International*, 189:937-955.

[127] Sun, W. and Dong, J., 2013. Relation of dislocation Love numbers and conventional Love numbers and corresponding Green's functions for a surface rupture in a spherical earth model. *Geophysical Journal International*, 193:717-733.

[128]Sun, W. and Dong, J., 2014. Geo-center movement caused by huge earthquakes. *Journal of Geodynamics*, 76:1-7.

[129]Sun, T., Wang,K., Iinuma, T., et al., 2014. Prevalence of viscoelastic relaxation after the 2011 Tohoku-oki earthquake. *Nature*, 13778, 514, doi: 10.1038.

[130]Swenson, S. & Wahr, J., 2006. Post-processing removal of correlated errors in GRACE data. *Geophysical Research Letters*, 33, L08402.

[131]Syed, T., Famiglietti, J., Rodell, M., et al., 2008. Analysis of terrestrial water storage changes from GRACE and GLDAS. *Water Resources Research*, 44, W02433.

[132]Takeuchi, H. & Saito, M., 1972. Seismic surface waves. In *Methods in Computational Physics*, 11:217-295.

[133]Tanaka, Y., Okuno, J. & Okubo, S., 2006. A new method for the computation of global viscoelastic post-seismic deformation in a realistic earth model (I)-vertical displacement and gravity variation. *Geophysical Journal International*, 164(2):273-289.

[134] Tapley, B. D., Bettadpur, S., Ries, J., et al., 2004. GRACE measurements of mass variability in the Earth system. *Science*, 305(5683):503-505.

[135]Titov, O., Tregoning, P., 2005. Effect of post-seismic deformation on earth orientation parameter estimates from VLBI observations: a case study at Gilcreek, Alaska. *Journal of Geodesy*, doi:10.1007/s00190-005-0459-9.

[136] Tsai, V. C., Nettles, M., Ekström, G., Dziewonski, A. M., 2005. Multiple CMT sourceanalysis of the 2004 Sumatra earthquake. *Geophysical Research Letters*, 32, L17304, http://dx.doi.org/10.1029/2005GL023813.

[137]Van, C. M., Vauterin, P., 2005. Tsoft: graphical and interactive software for the analysis of time series and Earth tides. *Computers & Geosciences*, 31(5): 631-640.

[138]Vigny, C.,Simons, J. F., Abu, S., et al., 2005. Insight into the 2004 Sumatra-Andaman earthquake from GPS measurements in southeast Asia. *Nature*, 03937, 436, doi: 10.1038.

[139]Velicogna, I. & Wahr, J., 2006. Measurements of Time-Variable Gravity Show Mass Loss in Antarctica. *Science*, 311(5768):1754-1756.

[140]Wahr, J., Molenaar, M. & Bryan, F., 1998. Time variability of the Earth's gravity field: Hydrological and oceanic effects and their possible detection using GRACE. *Journal of Geophysical Research*, 103(B12): 30205-30229.

[141]Wahr, J., Swenson, S., Zlotnicki, V. et al., 2004. Time-variable gravity from GRACE: First results. *Geophysical Research Letters*, 31(11):L11501.

[142] Wang, H., 1999. Surface vertical disp lacements, potential perturbations andgravity changes of a viscoelastic earth model induced by internal point dislocations. *Geophysical Journal International*, 137(2): 429-440.

[143] Wang, L, Shum, C. K., Simons, F. J., et al., 2012. Coseismic and postseismic deformation of the 2011 Tohoku-Oki earthquake constrained by GRACE gravimetry. *Geophysical Research Letters*, 39, L07301, doi: 10.1029/2012GL051104.

[144] Wang, M., Li, Q., Wang, F., et al., 2011. Far-field coseismic displacements associated with the 2011 Tohoku-Oki earthquake in Japan observed by Global Positioning System. *Chinese Science Bulletin*, 56, doi: 10.1007/s11434-011-4588-7.

[145] Wang, R., 1999. A Simple Orthonormalization Method for Stable and Efficient Computation of Green's Functions. *Bulletin of Seismological Society of America*, 89: 733-741.

[146] Wang, R., Martin, F. L., Roth, F., 2003. Computation of deformation induced by earthquakes in a multi-layered elastic crust-FORTRAN programs EDGRN/EDCMP. *Computers & Geoscience* 29, 195-207.

[147] Wang, R., 2005. The dislocation theory: a consistent way for including the gravity effect in (visco) elastic plane-earth models. *Geophysical Journal International*, 161:191-196.

[148] Wang, R., Martin, F. L., Roth, F., 2006. PSGRN/PSCMP — a new code for calculating co- and post-seismic deformation, geoid and gravity changes based on the viscoelastic-gravitational dislocation theory. *Computers & Geoscience*, 32:527-541.

[149] Wei, J., Li, H., Liu, Z., et al, 2012. Observation of superconducting gravimeter at Jiufeng seismic station. *Chinese Journal of Geophysics* (in Chinese), 55(6): 1894-1902.

[150] Wei, S. A., Sladen and the ARIA group. Updated Result 3/11/2011 (Mw 9.0), Tohoku-oki, Japan, 2011, available at: http://www.tectonics.caltech.edu/slip_history/2011_taiheiyo-oki/.

[151] Wei, S. J., Graves, R. W., Avouac, J. P. and Jiang, J. L., 2012. Sources of shaking and flooding during the Tohoku-Oki earthquake: A mixture of rupture styles. *Earth and Planetary Science Letters*, 333-334:91-100.

[152] Weston, J., Ferreira, A., Funning, G., 2012. Systematic comparisons of earthquake source models determined using InSAR and seismic data. *Tectonophysics*, 532-535, 61-81.

[153] Wu, X., et al., 2010. Simultaneous estimation of global present-day water transportand glacial isostatic adjustment.*Nature Geoscience*, 3:642-646.

[154] Wu, X., Ray, J., Dam, T., 2012. Geocenter motion and its geodetic and geophysicalimplications. *Journal of Geodesy*, 58:44-61.

[155] Xing, L., Li, H., Xuan, S. & Wang, J., 2012. Long-term gravity changes in Chinese mainland from GRACE and terrestrial gravity measurements. *Chinese Journal of Geophysics* (in Chinese), 55(5): 1557-1564.

[156] Xu, C., Luo, Z. C., Zhou, B. Y., et al., 2013. Detecting spheroidal modes of Earth's free oscillation excitated by Wenchuan earthquake using superconducting gravity observations. *Acta Geodaetica et Cartographica Sinica*, 42(4): 501-507.

[157] Xu, H., Sun, H., 2003. GGP project and observations using Wuhan superconducting gravimeter. *Geomatics and Information Science of Wuhan University*, 28: 18-22.

[158] Xu, J. Q., Sun, H. P., Zhou, J. C., 2009. Experimental detection of the inner core translational triplet. *Chinese Science Bulletin*, 54: 3483-3490.

[159] Wu, X. P., Argus, D. F., Heflin, M. B., et al., 2002. Site distribution andaliasing effects in the inversion for load coefficients and geocenter motion fromGPS data. *Geophysical Research Letters*, 29 (24) (Art. No. 2210).

[160] Yamagiwa, S., Miyazak, S., Hirahara, K., and Fukahata, Y., 2015. Afterslip and viscoelastic relaxation following the 2011 Tohoku-oki earthquake (*Mw*9.0) inferred from inland GPS and seafloor GPS/Acoustic data. *Geophysical Research Letters*, 42:66-73.

[161] Yang, J., Zhou, X., Yi, S. & Sun, W., 2015. Determining dislocation love numbers using GRACE satellite mission gravity data. *Geophysical Journal International*, 203: 257-269.

[162] Yi, S. & Sun, W., 2014. Evaluation of glacier changes in high-mountain Asia based on 10year GRACE RL05 models. *Journal of Geophysical Research*: *Solid Earth*, 119 (3): 2504-2517.

[163] Zhang, K. L., Ma, J., Wei, D. P, 2013. Detection of gravity anomalies before the 2011 Mw9. 0 Tohoku-Oki earthquake using superconducting gravimeters. *Chinese Journal of Geophysics* (in Chinese), 56(7): 2292-2302.

[164] Zhang, Z. Z., Chao, B. F., Lu, Y., et al., 2009. An effective filtering for GRACE time-variable gravity: Fan filter. *Geophysical Research Letters*, 36(17):L17311.

[165] Zhao, Q., Wu, W. & Wu, Y., 2016, Using combined GRACE and GPS data to investigate the vertical crustal deformation at the northeastern margin of the Tibetan Plateau. *Journal of Asian Earth Sciences*, 134.

[166] Zhang, J., Sorg, X., Li, Y., et al., 2005. Inner Core Differential Motion Confirmed by Earthquake Waveform Doubles, *Science*, 309(5739):1357-60.

[167] Zhou, J., Sun, W. and Dong, J., 2015. A Correction to the article "Geo-center movement caused by huge earthquakes" by Wenke Sun and Jie Dong. *Journal of Geodynamics*, 87: 67-73.

[168] Zhou, X., Cambiotti, G., Sun, W. & Sabadini, R., 2018. Co-seismic slip distribution of the 2011 Tohoku (M_w 9.0) earthquake inverted from GPS and space-borne gravimetric data. *Earth and Planetary Physics*, 2:120-138.

[169] Zhou, X., Sun, W., Fu, G., 2011. Gravity satellite GRACE detects coseismic gravity changes caused by 2010 Chile M_w 8.8 earthquake. *Chinese Journal of Geophysics* (in Chinese), 54(7):1745-1749.

[170] Zhou, X., Sun, W., Zhao, B., et al., 2012. Geodetic observations detecting coseismic displacements and gravity changes caused by the Mw=9.0 Tohoku-Oki earthquake. *Journal of Geophysical Research*, 117, B05408, doi:10.1029/2011JB008849.

[171] 陈光齐，武艳强，江在森，等，2013. GPS资料反映的日本东北M_W9.0地震的孕震特征. 地球物理学报，56(3)：848-856.

[172] 陈运泰，等，1975. 根据地表形变的观测研究1966年邢台地震的震源过程. 地球物理学报，18(3)：164-181.

[173]陈运泰，黄立人，林邦慧，等，1979. 用大地测量资料反演的1976年唐山地震的位错模式. 地球物理学报，22（3）：201-215.

[174]付广裕，孙文科. 2008. 2004年苏门答腊地震引起的远场形变. 大地测量学与地球动力学，28(2)：1-7.

[175]孙文科，付广裕，周新，等，2022. 球形地球模型的地震位错理论及其应用. 地震学报，44(4)：711-731.

[176]王卫民，赵连锋，李娟，等，2008. 四川汶川8.0级地震震源过程. 地球物理学报，51（5）：1403-1410.

[177]张国宏，屈春燕，宋小刚，等，2010. 基于InSAR同震形变场反演汶川 M_W7.9地震断层滑动分布. 地球物理学报，53（2）：269-179.

[178]张勇，冯万鹏，许力生，等，2008. 2008年汶川大地震的时空破裂过程. 中国科学D辑：地球科学，38(10)：1186-1194.

[179]周新，孙文科，付广裕，2011. 重力卫星GRACE监测出2010年智利 M_w8.8地震的同震重力变化. 地球物理学报，V54(7)：1745-1749.

附　　录

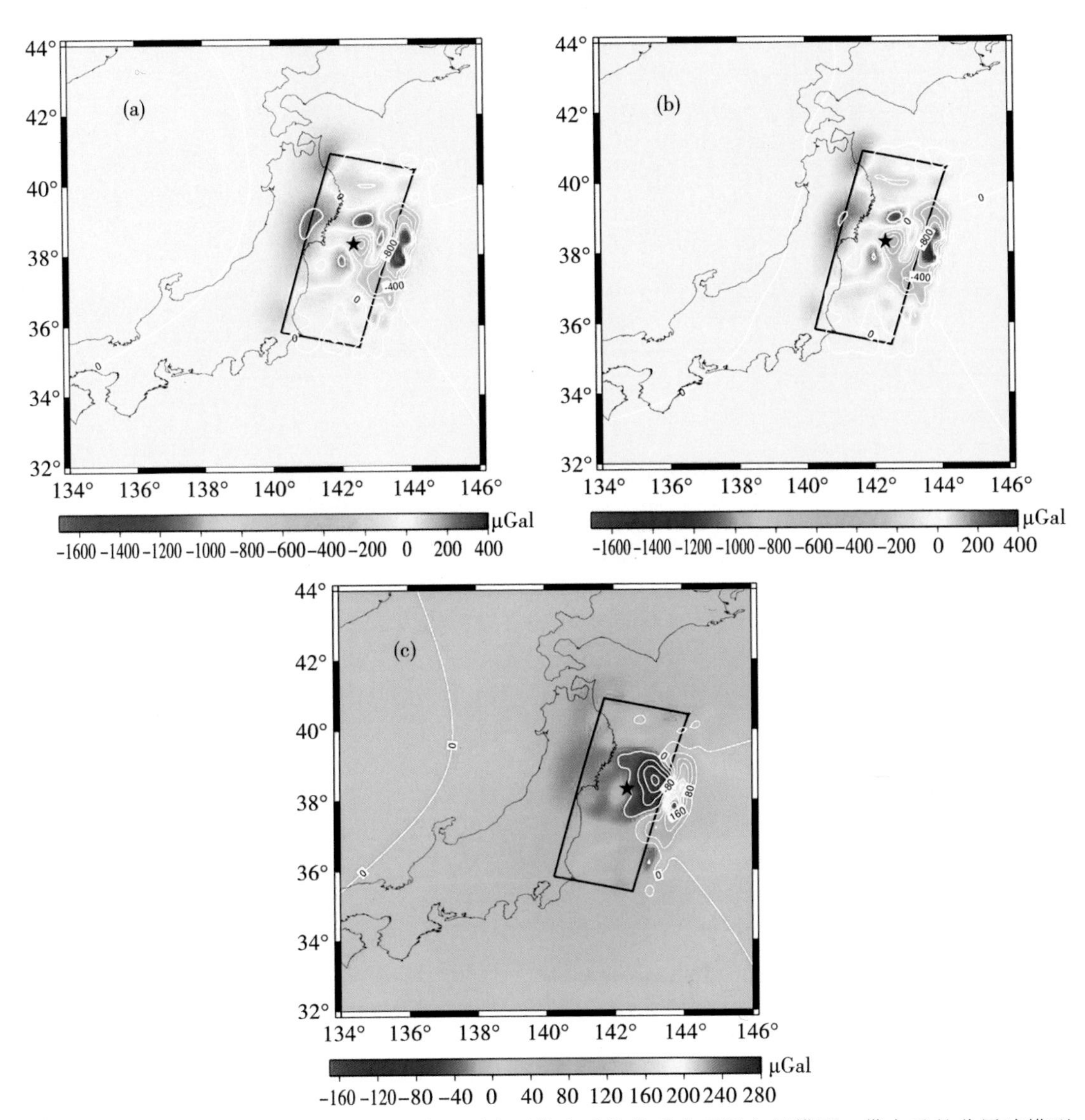

注：(a)、(b)分别为2011年日本东北大地震在不带自重的均质半无限空间模型、带自重的分层球模型下产生的近场同震重力变化，(c)为两者的差，黑色实线是断层边界，五角星是震中。

图3.7　2011年日本东北大地震 Model 1 和 Model 2 下产生的近场同震重力变化及两者的差示意图

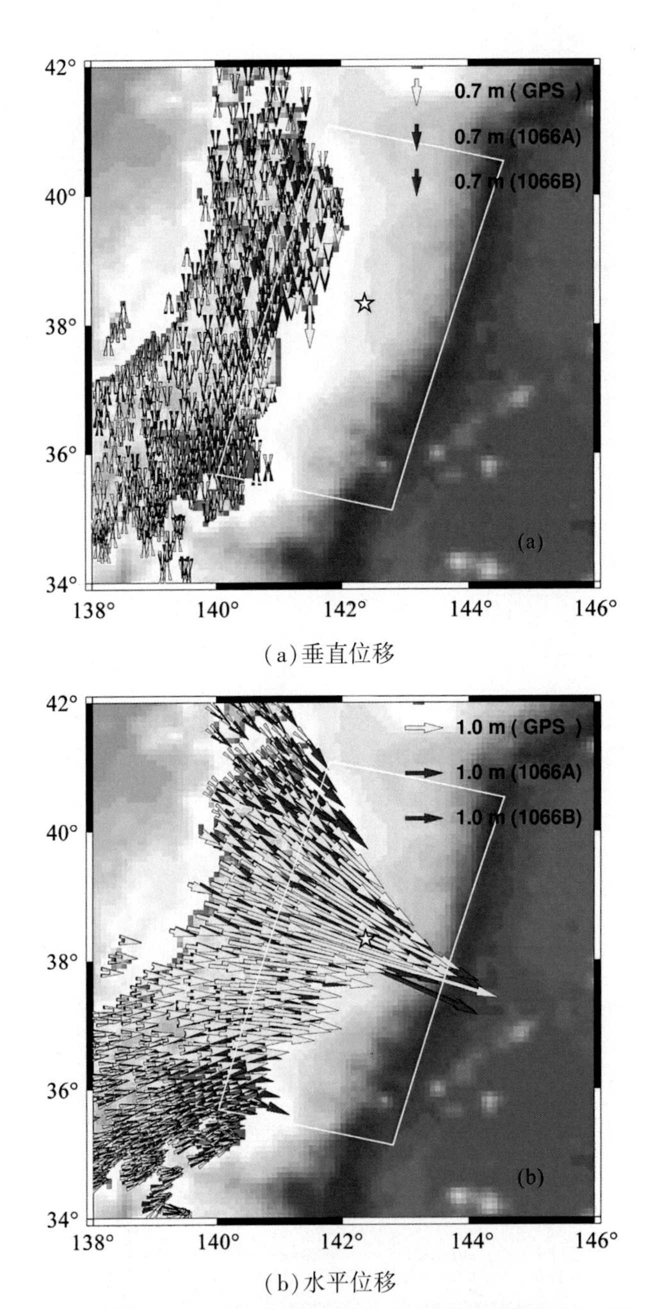

(a)垂直位移

(b)水平位移

注：使用的是 ARIA 公布的断层模型，白色边框是断层边界线。

图 3.18　2011 年日本东北大地震(M_W 9.0)产生的同震垂直位移和水平位移

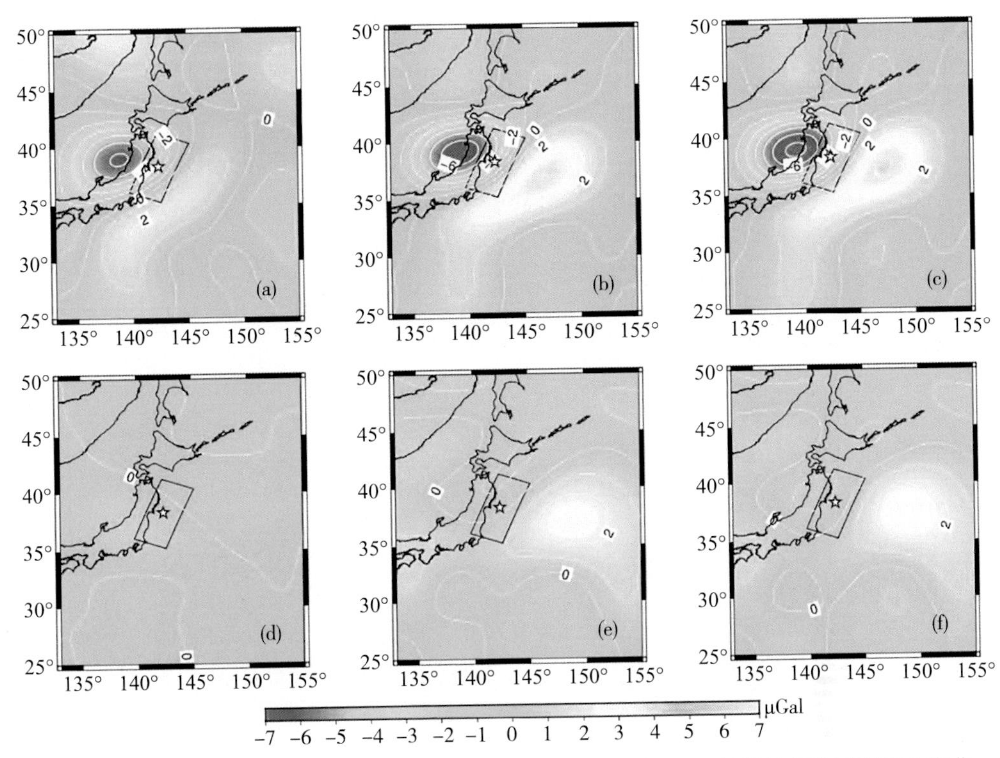

注：GRACE 观测的(a)和分别基于 1066A 模型(b)和 1066B 模型(c)计算的理论同震重力变化，(d)是(b)和(c)的差值，(e)(f)分别是 1066A 和 1066B 的结果与 GRACE 观测的差值。

图 3.21　GRACE 观测的结果和分别基于 1066A 模型和 1066B 模型计算的理论同震重力变化示意图

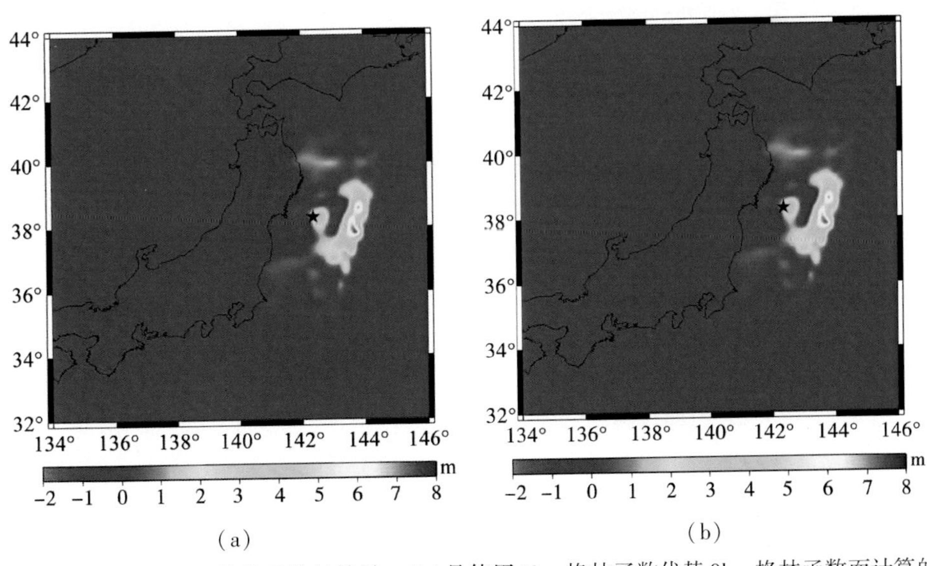

注：(a)是使用了新的 0km 格林函数的结果；(b)是使用 1km 格林函数代替 0km 格林函数而计算的结果；单位是 m

图 4.1　2011 年日本东北大地震(M_W9.0)引起的同震垂直位移变化示意图

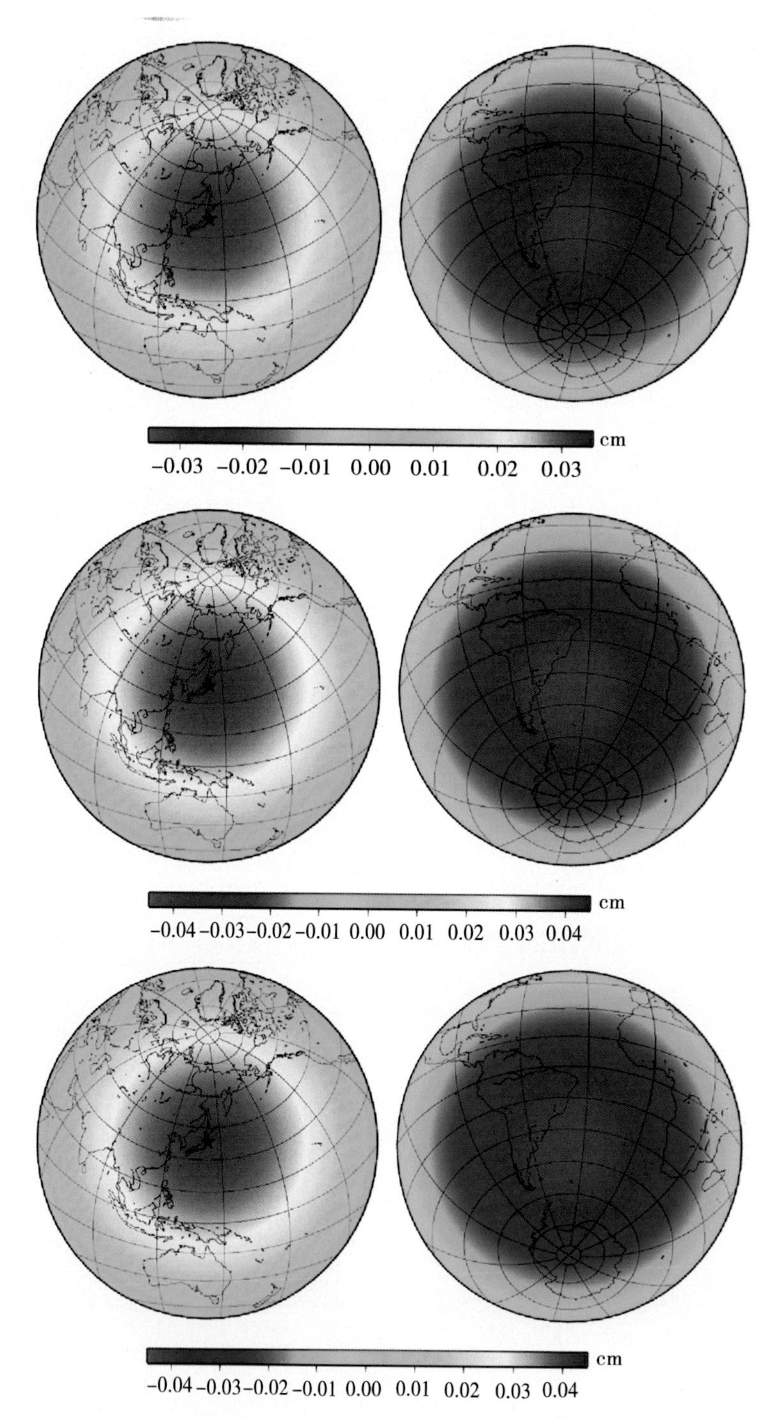

注：从上到下分别对应 USGS、ARIA、UCSB 滑动模型的计算结果，五角星为震中位置。单位是厘米。

图 5.5　2011 年日本东北大地震(M_W9.0)引起的一阶径向位移示意图

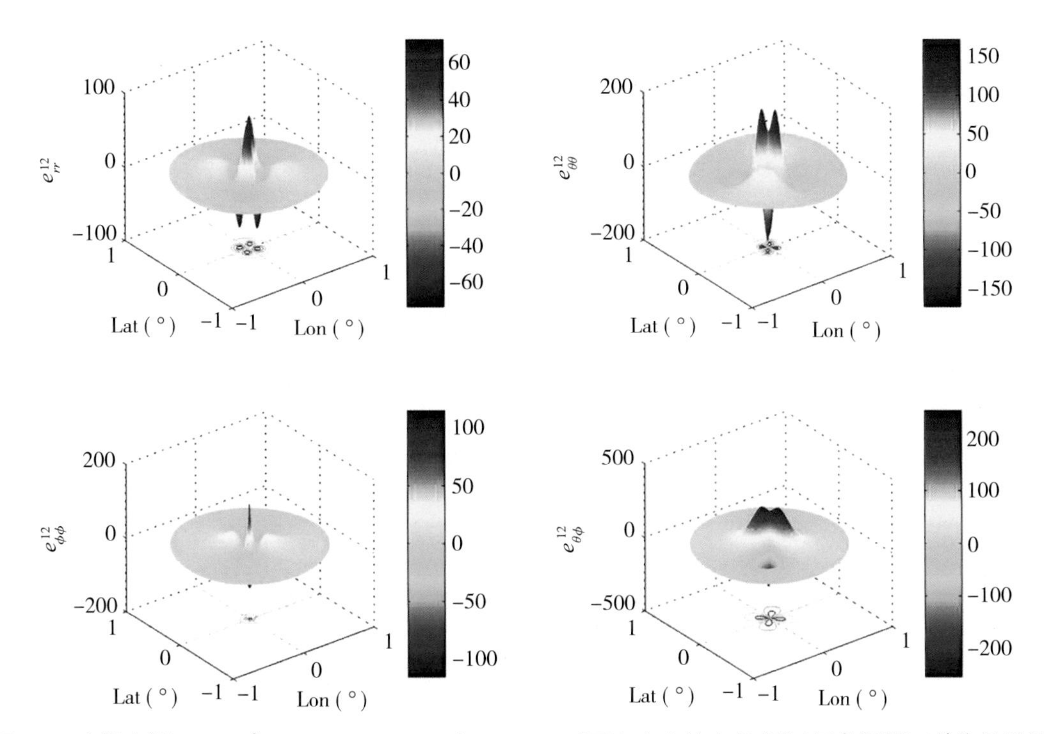

图 6.7　走滑点源（$Ud_s/R^2=1$，$d_s=20$km）在 $h=40$km 球面上产生的应变变化（四象限图）（单位是无量纲）